中国杂交水稻
全程机械化制种技术

刘爱民　张海清　肖层林　等　著

中国农业出版社
北　京

著者名单

（按姓氏笔画排序）

马忠高	王　权	王　明	王延宏	王宣山	龙和平
龙章腾	兰玉彬	朱　彦	朱孔志	刘　钊	刘　烨
刘文生	刘付仁	刘俊龙	刘爱民	闫梦璐	闫蕴韬
严乙桉	苏　和	李步勋	李健康	李继宇	杨　鹏
杨永标	杨维顺	肖层林	吴　辉	何　杰	何　研
何宗陶	何菊英	佘雪晴	汪　沛	沙常松	宋琳琼
张　青	张铁民	张健勇	张海清	张维亮	陈　勇
陈　莉	陈桂莲	陈盛德	陈锦珠	易图华	罗锡文
周志艳	周武承	周继勇	庞　嘉	郑华斌	胡　炼
钟其全	贺长青	贺记外	袁　露	夏纵印	夏胜平
徐　赛	徐　磊	徐小杰	徐向阳	唐　荣	曹　衍
彭　炎	董帅厅	蒋天智	蒋珊瑚	蒋凌云	舒志芬
雷建文	臧　英	廖伏明	廖翠猛	熊　豆	熊　朝
薛新宇					

序言

我国杂交水稻技术一直领先世界，为国家粮食安全和社会经济发展作出了巨大贡献。制种是杂交水稻推广应用的关键环节。目前，我国大面积应用的杂交水稻制种技术是形成于20世纪80年代的劳动密集型技术，40多年来保障了我国杂交水稻种子安全供应。但传统的杂交水稻制种技术从田地耕整、播种移栽、田间施肥施药、喷施赤霉素、辅助授粉到收割干燥等环节均以人工操作为主，导致用工多、效率低、生产成本高、种子质量难保证，已不能满足新形势下杂交水稻进一步发展的需要，成为中国水稻制种产业发展的痛点。

随着我国社会经济的快速发展，农业劳力大量转移，亟需杂交水稻机械化制种技术。我国科技工作者试图采用混植法（父母本种子混合播种制种）来简化制种过程，如粒型标记法、颖壳颜色标记法、除草剂敏感性状标记法等，虽取得一定进展，但难以将混收的父本稻谷与杂交种子彻底分开。而传统的分植法（父母本按一定行比相间种植）制种技术主要依靠采用绳索或竹木竿振动父本进行人工辅助授粉，由于作用于父本的力度小、花粉传播距离近，只能采用父母本小行比（1∶8～1∶10或2∶10～2∶16）配置种植模式，在插秧、收割和辅助授粉等关键环节难以实现机械化操作，是实现杂交水稻全程机械化制种的技术难点。

针对上述问题，在“十二五”国家科技支撑计划课题“杂交水稻全程机械化制种关键技术研究与示范”（2014BAD06B07）、“十三五”国家重点研发计划课题“水稻种子良种繁育关键技术与示范”（2018YFD0100802）、“十三五”国家重点研发计划“主要农作物种子活力保持技术集成研究与应用”（2018YFD0100906）、湖南省科技计划重点研发项目“杂交水稻机械化制种关键技术研究与示范”（2016NK2004）、湖南省水稻产业技术体系繁殖制种岗位任务（2019—2023）等的资助下，著者带领团队从2012年开始开展杂交水稻全程机械化制种关键技术研究，利用农用无人飞机旋翼风场大的特点进行辅助授粉，将父母本相间种植的行比扩大至（4～6）∶（30～40），实现了制种父本和母本的机械栽插和机械分收，突破了机械授粉和父本机械种植和收割的技术瓶颈；同时，开展农艺与农机相融合的配套技术研究，形成了父母本精量播（粘）种育秧、父本机插、母本机插、无人飞机辅助授粉、无人飞机喷施赤霉素、父母本机械分收及种子机械烘干等杂交水稻机械化制种关键技术，经技术集成与示范应用，达到了减少制种劳动用工、减轻劳动强度、降低生产成本和稳产保质增效的目的。

为进一步推进杂交水稻全程机械化制种技术在生产上的大面积应用，特编写本书，供杂交水稻种子企业、制种大县、制种专业合作社、农机专业合作社、制种大户，以及从事杂交水稻种子生产的教学、科研和技术人员等参考。全书共分4章，第一章介绍杂交水稻制种技术现状，第二章介绍杂交水稻全程机械化制种关键技术研究，第三章介绍杂交水稻全程机械化制种的技术集成，第四章介绍杂交水稻全程机械化制种技术示范与推广应用。

参与本书相关研究的人员较多，并未一一列出，在此一并致谢！

著　者

2025年3月

目　录

序言

第一章

绪　论

杂交水稻制种是以雄性不育系作母本、雄性不育恢复系作父本，父母本按照一定的行比相间种植，并使父母本花期相遇，获得杂交种子的过程。我国杂交水稻制种技术始创于 20 世纪 70 年代，经多代人的不断努力探索，形成了一套成熟的劳动密集型杂交水稻制种技术体系，保障了我国杂交水稻种子的安全供应。至 20 世纪末，中国杂交水稻种植面积达到 2.4 亿亩*，约占全国水稻播种总面积的 50%，杂交水稻总产量占全国水稻产量的 58%，在我国粮食生产中有着举足轻重的地位和作用。21 世纪以来，杂交水稻年制种面积稳定在 150 万亩左右，年产杂交水稻种子约 2.6 亿公斤**。

第一节 我国传统杂交水稻制种技术及其面临的挑战

一、我国杂交水稻传统制种技术及问题分析

我国杂交水稻制种技术主要包括适宜杂交水稻制种的生态气候条件选择技术、父母本花期相遇技术、父母本群体构建与培养技术、父母本异交态势改良技术、人工辅助授粉技术、种子质量保障技术等。

(一) 适宜杂交水稻制种的生态气候条件选择技术

适宜杂交水稻制种的生态条件是选择制种基地和安排制种季节的依据。在基地选择和季节安排上主要考虑雄性不育系育性敏

* 亩为非法定计量单位，1 亩≈667 m^2。

** 公斤为非法定计量单位，1 公斤=1 kg。

感期、抽穗开花授粉期和种子成熟收割期的安全性，以及适宜的稻作条件，以获得制种高产、优质与高效。

我国杂交水稻制种历经50多年的研究与实践，形成了七大优势生态制种区域，即海南南部制种区、华南早晚两造制种区、雪峰山山脉制种区、罗霄山山脉制种区、武夷山山脉制种区、四川绵阳制种区、江苏盐城制种区。这七大生态优势制种区域在气候和稻作生态条件上具有较大的差异，为具有不同异交特性的制种组合提供了多样化的制种基地选择；但不同的制种基地稻作条件差异大，实现制种机械化作业难易程度有较大差异。例如，江苏盐城制种区地势平坦、田块面积大且方正、机耕道和水利设施完善，宜机化程度高；而雪峰山山脉制种区、罗霄山山脉制种区、武夷山山脉制种区为丘陵山区，制种基地地势不平坦、田块面积小且不规则，宜机化程度低。

（二）父母本花期相遇技术

父母本花期相遇是保证制种产量的前提。该项技术主要包括3个技术环节：其一，根据父母本生育期差异及其特性，安排父母本播种期及播种差期；其二，从父母本播种至抽穗期实施规范的培育管理措施，使父母本能正常生长发育；其三，在父母本生长发育过程中及时进行父母本花期预测与花期调节，确保父母本花期相遇。

因大多数制种组合的父母本播始历期有差异，为确保父母本花期相遇，制种时父母本不能同时播种和移栽；且父本一般分两期播种、两次移栽。因而，大大增加了父母本播种栽插实现机械化的难度。

（三）父母本群体构建与培养技术

杂交水稻制种收获的是母本群体结实种子的产量。因此，杂交水稻制种在父母本群体构成的关系上，要先确立母本群体的主导地位；同时，也要保证一定的父本数量以提供足够的花粉，只有建立协调的父母本群体结构才能获得制种高产。父母本群体构建与培养技术包括父母本行比的确定、栽插密度与方式、父母本定向培养等。

由于受人工辅助授粉方法的限制，传统的杂交水稻制种父母本行比设置一般为 1∶(8～10) 或 2∶(10～16)，父母本种植厢宽为 1.8～2.3 m；在这种父母本小行比设置和种植厢宽下，难以实现父本的机械栽插和收割。

(四) 父母本异交态势改良技术

杂交水稻制种是用雄性不育系作母本与正常可育的父本恢复系以完全异花授粉方式结实种子，改变了水稻自花授粉的生殖方式。母本的雄性不育引起了一系列生理生化反应的不协调和植株形态的不正常，抽穗卡颈是其中最明显的表现；无论是三系不育系还是两系不育系，抽穗卡颈穗率几乎 100%，包颈粒率 30%～50%。母本抽穗卡颈不利于异花授粉，严重影响异交结实和制种产量。因此，杂交水稻制种必须通过喷施赤霉素（商品名"920"）来解除母本抽穗卡颈，促进穗粒外露。

父母本异交态势改良技术是杂交水稻制种高产的关键技术。该技术包括根据母本（不育系）对赤霉素的敏感性确定喷施时期、喷施用量、喷施次数；同时，为调节父母本穗层高度（父本应高于母本），需在始穗期单独喷施父本 1 次。

由于父母本异交态势改良技术具有很强的时效性，必须在母本抽穗期的最佳喷施时期完成喷施，并要求做到及时、精准、适量、均匀，这对赤霉素喷施作业提出了相当高的要求。

（五）人工辅助授粉技术

水稻是典型的自花授粉作物，其花器特征与开花授粉特性并不适应异花授粉；而杂交水稻制种则是完全的父母本异花授粉方式。因此，在杂交水稻制种时，需要在父本开花散粉高峰时段进行辅助授粉，使父本花粉集中散出并均匀散落到母本柱头上。

杂交水稻制种传统辅助授粉的方法是人工辅助授粉法，即在父母本花期相遇的基础上，从父本群体始花之日至终花，每天在父本散粉高峰时段采用绳索、竹竿或木杆等振动父本，使父本花粉散出，借助振动的弹力将父本花粉传向母本厢。

由于，人工辅助授粉方法作用于父本的弹力小，花粉的传播距离近；因此，父母本只能采用小行比种植模式，即父本栽插1行或2行、母本栽插8～16行，不利于制种父母本栽插和收割的机械化作业。同时，父本群体开花期内每天开花时间集中在10:00—12:00，在该时间段内辅助授粉3～4次，每次授粉时间只有30 min；单次作业面积受到限制，在规模化制种条件下必须大幅度提高授粉作业的效率。

（六）种子质量保障技术

为确保杂交水稻种子符合国家标准（纯度≥98%、净度≥98%、发芽率≥80%、含水量≤13.0%），在制种过程中必须采取一系列措施保障种子质量，主要包括：①使用种子纯度和遗传纯度高的亲本种子；②制种区（田）与非制种区（田）须严格隔离，防止生物学混杂；③全程除杂保纯；④种子收晒干燥过程中防止机械混杂；⑤制种田间纯度鉴定；⑥及时防治病虫害；⑦及时收割，防穗萌芽；⑧及时干燥，防种子劣变等。

由于母本不育系开花后颖花闭合程度较差和赤霉素的使用，杂交种子成熟期间遇高温高湿天气易发生穗萌芽现象；种子收获过迟，或收获后未及时干燥，极易产生种子劣变，导致种子活力散失。因此，确保杂交水稻种子在最佳收获期及时收割、快速干燥，是杂交水稻制种保质的必然需求。

二、我国传统杂交水稻制种技术面临的挑战

杂交水稻制种技术环节的实施包括多项作业，如耕地整地、播种、育秧、移栽、施肥、施药、喷施赤霉素、辅助授粉、收割、干燥等。传统杂交水稻制种技术均以人工操作为主，导致用工多、劳动强度大、作业效率低、生产成本高；而且制种各环节时效性强、技术要求高，必须及时、规范操作，稍有不慎，便会导致制种减产或失败。

随着我国社会经济的快速发展，农业劳动力大量转移，从事农业生产的劳动力日益减少，水稻生产上的直播、抛秧和机插秧等轻简栽培技术快速推广，导致用种量大幅增加；杂交水稻遇到了种子生产成本高、用种成本高的严重挑战，种植面积呈现连续下降趋势。因此，传统的劳动密集型制种技术已不能适应新形势下杂交水稻的持续发展，亟须研究杂交水稻机械化制种技术。

第二节 美国杂交水稻机械化制种技术

1980 年，美国圆环种子公司（Ring Arround Products Inc.，RAPI）与中国种子公司正式签订合同，由中方将杂交水稻制种的技术传授给美国，在美国制种。起初，在制种技术上沿用国内普遍采用的绳索进行人工辅助授粉，但美国的制种田块面积太大、劳动力成本太高，使得国内的制种技术在美国难以实施。美

国农业人口只占3%，每个农户有几百到几千公顷土地，劳动力昂贵，水稻制种只能依靠机械化生产。后来，RAPI将合同转让给美国水稻技术公司（Rice Tec）。1994年，湖南杂交水稻研究中心与美国水稻技术公司合作，在中国杂交水稻技术专家的协助下共同探索杂交水稻机械化制种技术，历经多年的研究，实现了杂交水稻制种全程机械化。

美国杂交水稻机械化制种的特点是：①杂交组合类型单一，适应美国栽培制度，父母本生育期相差较小，不喷或少喷赤霉素，亲本异交结实率高；②制种基地地势平坦、集中连片，每个制种点的面积在100～1 000 hm^2，每块田的面积在1～5 hm^2，适宜开展机械化作业。其制种技术要点为：①采用父母本大行比相间种植，父本厢宽5～10 m，父母本面积比为1∶3（图1）；②机械耕整地，父母本采用播种机旱直播，先旱直播父本8～10行（图2），再根据播差期旱直播母本30～40行（图3）；播后用激光扫描仪根据地块高差机械修筑田埂（图4），灌水出苗（图5）；③授粉利用小型有人驾驶直升机以37 km/h左右的速度距地面2～3 m飞行。通过机翼旋转产生的风力和气流将父本的花粉散落到母本柱头上，授粉作业2～3次/d（图6）；④使用固定翼飞机施肥、施药、喷施赤霉素（图7）；⑤使用大型联合收割机，先收割母本杂交种子（图8），再收割父本稻谷，将种子机械烘干（图9）。

图1　父母本大行比相间种植

图2　多行父本旱直播

图 3 母本旱直播

图 4 母本直播后激光修筑田埂

图 5 父母本直播灌水后出苗状况

图 6 有人驾驶小型直升机授粉

图 7 固定翼植保飞机及其喷施过程

图 8 机收母本杂交种子

图 9 种子直接进入钢板仓通风干燥

为了充分发掘与利用水稻杂种优势，我国选育的亲本及制种组合类型多；且制种的优势基地主要集中在丘陵山区，制种基地地形地貌各异，基地单元规模小。因此，美国的杂交水稻机械化制种技术不适合中国国情，难以在我国直接推广应用。

第三节 中国杂交水稻机械化制种技术的探索

随着我国农机装备与技术的快速发展，21 世纪，我国杂交水稻制种部分环节已逐步实现机械化作业，如田地耕整机械化、母本种植机械化（机直播、机插秧）、母本收割机械化等；但仍旧主要依靠绳索或竹木竿振动父本进行人工辅助授粉。由于作用于父本的力度小、花粉传播距离近，传统的杂交水稻制种技术只能采用父母本小行比配置种植模式，在父本插秧、收割、喷施赤霉素等关键环节难以实现机械化；特别是为方便母本机械收割，往往在授粉结束后采用人工割除父本，既费工又损失父本稻谷收入。

针对上述问题，我国科技工作者开展了大量研究，试图简化制种过程。其中，较具代表性的研究有授粉机械的研制及配套技术、母本直播制种技术、混植法（父母本种子混合播种）机械化制种技术和基于无人飞机授粉的父母本大行比分植法机械化制种技术等。

一、授粉机械的研制及其配套技术

在 20 世纪 80 年代初，我国开始研究杂交水稻制种授粉的机械及其配套技术，主要有机械采粉集中授粉法、风机辅助授粉法等。

1982 年，湖南师范大学生物系开始研究水稻花粉活力及储藏条件的问题，提出了机械采粉集中授粉法。采用这种辅助授粉技术的父母本可以集中分片种植；在父本盛花期时，进行机械采粉、低温储藏；在母本盛花期时，将花粉取出，回醒 8～12 h，然后通过机械喷雾将花粉授到母本柱头上；以提高制种母本的异交结实率，达到增加制种产量、改变父母本相间种植模式、简化人工辅助授粉繁琐劳动的目的。这种技术能有效地解决父母本花期、花时不遇的问题，但低温储藏的花粉容易丧失活力，且萌发率较低，故这种方法难以实际应用。

风机辅助授粉法在采用传统人工辅助授粉的父母本种植模式基础上，使用新设计的自走式风机授粉机和背负式风机授粉机进行辅助授粉。1995 年，湖北农学院研究发明了一种主要由风机、导粉膜、固膜板、卷膜筒、撼粉绳、授粉管和手柄组成的授粉器；后经改进，2002 年，研制了杂交水稻制种授粉机，授粉管长 20 m，机组操作人员 2 人，作业人员可携带授粉机在制种田间行走完成授粉作业。湖南农业大学汤楚宙等和浙江大学王永维等先后发明了一种背负式风机授粉机，经试验，授粉效果良好。但由于这类机械在田间操作不便、授粉效率低，因而没有得到推广。

二、母本直播制种技术

20 世纪 70—90 年代，我国杂交水稻制种均采用父母本人工育苗移栽方式，劳动强度大。随着农村青壮年劳动力大量向城镇转移，出现了以减少劳动力和劳动强度为目的的母本直播制种方式，最初采用的是母本人工撒直播（图 10）。研究表明，①直播母本的播始历期较育秧移栽母本短 2～3 d，群体抽穗历期和开花历期缩短，抽穗开花时间更集中，有利于与父本盛花期相遇；②在母本相同用种量条件下，直播母本单位面积基本苗数、最高苗数和有效穗数显著高于育秧移栽母本，直播母本的成穗率和每穗总粒数显著低于育秧移栽母本，单位面积总颖花数略低于育秧移栽母本；③直播母本的异交结实率略高于育秧移栽母本，制种产量与育秧移栽母本相当。在同等产出的条件下，母本直播制种省去了移栽环节，缩短了播始历期，达到了省工、省时、省成本的目的；但人工撒直播母本生长无序、疏密不均、易感染病虫害，且杂草难除、根系分布浅，后期易倒伏。刘爱民等研究了母本机械穴直播的效果，母本机械穴直播的群体穗粒构成能达到杂交水稻高产制种技术要求。机械穴直播改变了撒直播的无序生长状况，但后期倒伏问题仍未得到改善。之后，刘爱民等又开展了母本同步开沟起垄精量穴直播（图 11）技术研究，采用穴直播方式将稻种播在垄上的播种沟中，促发生根效果显著；秧苗地上部分的素质优于机械移栽，如苗高、苗基宽和苗鲜重等；地下部分的素质优于人工撒直播，但次于机械移栽，如白根数、根鲜重和根系活力等；分蘖盛期较机械移栽和人工撒直播处理延长 3～5 d，且群体分蘖数最多；播始历期较机械移栽短 5 d，较人工撒直播长 1 d；群体抽穗历期与机械移栽无差异，比人工撒直播长 1～2 d；主茎叶片数较机械移栽多 0.25～0.97 叶；能显著提高有效穗数和单位面积颖花数，抗倒伏能力优于人工撒直播。但由于直播制种对大田整地质量要求极高、用种量增加、生育期缩短、田间成苗率难保障、杂草防治和落田谷成苗后清除难度大及后期易倒伏等问题，因此在制种上未得到大面积推广。

图 10　母本人工撒直播制种

图 11　母本同步开沟起垄精量穴直播制种

三、混植法（父母本种子混合播种）机械化制种技术

由于我国杂交水稻机械化制种技术的难点——授粉机械及其配套技术，长期以来没有得到有效解决，水稻育种家们提出了混植法（父母本种子混合播种）机械化制种技术，目前研究取得了一定进展。混植法主要有3种途径：

1. 粒型标记法

选育父本和母本在谷粒大小、形状有显著差异的制种组合，将父母本种子按比例混合播种，种子混收，再通过筛选机将父本稻谷与母本杂交种子分开。例如，湖南农业大学选育出了种子千粒重14 g左右的光温敏不育系母本，与种子千粒重28 g以上、粒厚2.2 mm以上的父本配组，选育出了“小粒种、大粒稻”系列强优势两系品种，应用父母本混播混收、种子筛分选的机械化制种技术（图12A、图12B）。

2. 颖壳颜色标记法

选育父本和母本颖壳颜色或种皮荧光色有显著差异的制种组合，将父母本种子按比例混合播种，种子混收，再通过光电色选机或荧光分选机将父本稻谷与母本杂交种子分开。例如，湖南杂交水稻研究中心选育出了红色颖壳的恢复系，与光温敏不育系隆科638S配组，应用父母本混播混收、种子颜色分选的机械化制种技术（图12C）。

3. 除草剂敏感致死性状标记法

选育对除草剂敏感致死的恢复系作父本，与常规不育系配组—将父母本种子按比例混合播种，授粉后施用除草剂将父本杀死，留下母本收获杂交种子。安徽省农业科学院选育出了对除草剂苯达松敏感致死的恢复系nuc256，选配了制种组合混制1号，进行混植法机械化制种技术研究；但由于父本常有部分开花较早的

颖花、喷洒除草剂时已灌浆结实，难以完全灭除，从而影响了种子纯度。

A 粒型差异大的父母本　B 父母本混播制种　C 颖壳颜色标记混播制种

图 12　混植法机械化制种

上述混植法机械化制种在实际应用时有诸多限制，如要求父母本生育期及其变化特性相同或相近、对父本不能采取单独的栽培措施（如偏施肥）、难以进行花期调节、父本稻谷与杂交种子不能彻底分选等；此外，还需培育具有特殊性状标记的亲本、需特殊设备或药剂进行种子分选，因而只适应特定的制种组合，由此可带来杂种优势利用的遗传基础变窄。杂种优势需来源于两个遗传背景有较大差异的亲本，亲本特性差异大是杂交水稻强优势品种选育的基础。中国杂交水稻亲本的特性差异大，推广应用的杂交水稻组合多、类型复杂，因此迫切需要研究通用型杂交水稻机械制种技术。

四、基于无人飞机授粉的父母大行比分植法机械化制种技术

针对我国杂交水稻制种存在的关键技术问题，以及我国杂交水稻制种组合类型多、制种优势基地地形地貌复杂的特点，著者带领团队借鉴国内外农作物生产机械化的成功经验，从 2012 年开始研究农用无人飞机在杂交水稻机械化制种上的应用。与小型载人直升机相比，农用无人飞机具有以下优势：①地形适应性好，

适合我国制种基地；②无需专用起降场地，低空作业，不受航空管制；③轻巧灵活，操控方便。利用农用无人飞机旋翼风场大的特点进行杂交水稻制种辅助授粉，可将父母本相间种植的行比扩大至（4～6）:（30～40）（图 13），实现了制种父母本的机械栽插和机械分收，突破了机械授粉、父本机械种植和收割的技术瓶颈；同时，开展了水稻精量印刷播种机、插秧机、农用无人飞机、谷物干燥机等在杂交水稻制种播种育秧、栽插、喷施赤霉素、辅助授粉和种子干燥等关键环节的应用研究，研制和筛选出杂交水稻制种各环节适宜的机械和配套技术，形成了父母本精量印刷播（粘）种育秧技术、适宜无人飞机授粉的父母本大行比群体构建技术、父本和母本机插秧技术、农用无人飞机喷施赤霉素技术、农用无人飞机辅助授粉技术、父母本机械分收技术和种子机械干燥技术等杂交水稻机械化制种关键技术，将这些技术集成应用，实现了杂交水稻制种全程机械化作业。该技术成果不受制

图13　基于无人飞机授粉的父母本大行比分植法机械化制种（湖南武冈基地）

种组合和亲本特性限制，既适合平原湖区制种基地应用；又适合丘陵山区制种基地应用；既能保证杂交水稻制种高产高质，又能节省劳力、减轻劳动强度；降低种子生产成本，还能提高作业效率；保障各项技术按时实施，降低制种自然风险；是确保我国杂交水稻稳定发展的重要关键技术。

第二章

杂交水稻全程机械化制种关键技术研究

杂交水稻全程机械化制种是指从稻田耕整平整、播种移栽、施肥、植保、辅助授粉、收割到种子干燥的各个环节均能实现机械化作业。著者带领团队针对杂交水稻制种机械授粉难、父母本小行比相间种植机插机收难、父母本花期全遇难、种子易劣变高活力保持难等系列技术难点问题，首创了农用无人飞机辅助授粉技术，构建了父母本大行比种植模式，实现了父母本机插机收，突破了杂交水稻全程机械化制种的技术瓶颈；率先将水稻精量印刷播（粘）种育秧技术应用于杂交水稻全程机械化制种，通过技术改进，提高盘育秧秧龄弹性，实现了父母本中秧龄、大秧龄机插，为培育制种高产父母本苗穗群体、确保制种父母本花期全遇奠定了基础；研制和优选出适宜杂交水稻种子安全、快速烘干的干燥机械，构建了保温控湿持续式烘干模式，发明了杂交水稻种子变温烘干工艺和两段烘干工艺，确保了种子质量，提升了烘干效率，降低了烘干成本。

第一节 父母本机械播种与育秧技术研究

水稻常规机插盘育秧存在播种密度大（4～5 粒/cm^2）、用种量大（2.0～3.0 kg/亩）、秧苗素质差（大小苗严重，弱苗、死苗率高）、秧龄弹性小（秧龄期 15～30 d）、机插后秧苗成活率低、返青慢等问题，对父母本的生育期和产量影响较大，严重制约了机插秧技术在杂交水稻制种上的应用。

水稻精量印刷播（粘）种技术是利用精量印刷播种机将水稻种子按一定密度均匀地黏附在纸带上，再将纸带铺在盛有泥浆或基质的秧盘上，或直接铺在秧厢上，培育机插秧苗的一种新方法。黄敏等在杂交水稻大田生产上的研究结果表明，该方法具有播种稀匀、节省用种量、秧苗素质好、秧龄弹性大、可大秧龄机插、机插后空穴率低、返青快、成苗率高等优点，克服了传统机插盘育秧的局限，是杂交水稻丰产、增效栽培的一种有效途径。著者带领团队借鉴其成功经验，开创了精量印刷播（粘）种技术在杂交水稻制种上的应用研究。

一、父母本精量印刷播（粘）种的质量

精量印刷播（粘）种技术最初应用于杂交水稻大田生产时，采用单一密度的布胶滚筒实行单粒播种，对种子质量要求十分严苛，发芽率需达到98%以上；而国家标准要求杂交稻及其亲本种子发芽率≥80%，难以满足这一要求。著者带领团队通过设计不同胶点密度的布胶滚筒，于2021年，在江苏大丰试验基地对不同发芽率、不同千粒重的杂交水稻亲本种子在不同胶点密度下精量印刷播（粘）种的质量和育秧成苗特性进行调查，结果见表1。

从表1可知，每个胶点的黏种粒数平均为1.5～1.7粒；亲本种子千粒重对每个胶点的黏种粒数有影响，千粒重高的亲本黏种粒数比千粒重低的要少约0.2粒。不同胶点密度之间的黏种粒数具有随机性的差异。成苗率与不同亲本种子的发芽率相关性很小。例如，晶4155S的发芽率为91%、成苗率62.8%，华占的发芽率79%、成苗率72.4%。同一亲本不同胶点密度间成苗率差异也具有随机性。成苗密度在同一亲本不同胶点密度间有差异；随着胶点密度的增大，成苗密度增大。插秧机秧针取秧面积可在1.0～3.2 cm^2调节、中间值为2.1 cm^2（1.4 cm×1.5 cm），而杂交水稻制种机插秧要求平均有2.5苗/穴，因此制种父母本机插育秧的胶点密度宜选择10 mm×10 mm。

表1 杂交水稻亲本精量印刷播（粘）种质量的调查结果（2021. 江苏大丰）

亲本	发芽率（%）	千粒重（g）	胶点密度（mm）	胶点黏种（粒/个）	黏种密度（粒/cm^2）	成苗密度（苗/cm^2）	成苗率（%）
R1607	73	18.2	10×12	1.9	1.63	0.67	41.2
			12×12	1.6	1.10	0.51	46.6
			12×14	1.5	0.97	0.78	80.9
			平均	1.7	1.20	0.67	58.0
华占	79	21.7	10×12	1.7	1.43	0.98	68.3
			12×12	1.4	0.98	0.74	75.2
			12×14	1.6	1.01	0.80	79.0
			平均	1.6	1.08	0.78	72.4
宜香1A	85	28.5	10×10	1.4	1.49	0.85	57.2
			10×12	1.5	1.25	0.59	47.5
			12×12	1.5	1.08	0.52	48.0
			平均	1.5	1.27	0.65	50.9
晶4155S	91	21.4	10×10	1.4	1.52	0.99	65.1
			10×12	1.8	1.54	0.90	58.5
			12×12	1.9	1.32	0.85	64.8
			平均	1.7	1.46	0.91	62.8

二、父母本精量印刷播（粘）种的育秧效果

（一）亲本精量印刷播（粘）种育秧的秧苗素质

2022年，著者带领团队在湖南浏阳综合实习基地对隆香634A、晶4155S、33S 3个制种亲本进行了精量印刷播（粘）种育秧试验、常规盘育秧试验和传统水育秧试验。3种播种方式的用种量分别为1.5～2.0 kg/亩、2.5～3.0 kg/亩和1.6～2.0 kg/亩，

5月中旬播种，调查15 d秧龄的秧苗素质（表2）。试验结果显示，精量印刷播（粘）种育秧秧苗的叶龄、苗高、单株白根数、苗基宽、百株苗鲜重、百株根鲜重和根系活力均高于常规盘育秧的秧苗，其中单株白根数多1～1.5条、百株苗鲜重平均增幅为48.7%；但单株白根数、苗基宽、百株苗鲜重、百株根鲜重和根系活力均低于传统水育秧的秧苗。结果说明，由于播种方式的改变，精量印刷播（粘）种育秧的秧苗素质虽稍逊于传统水育秧，但显著优于常规盘育秧。

表2　亲本不同播种育秧方式15 d秧龄的秧苗素质（2022．湖南浏阳）

品种	播种方式	叶龄（叶）	苗高（cm）	单株总根数（条）	单株白根数（条）	苗基宽（cm）	百株苗鲜重（g）	百株根鲜重（g）	根系活力[ug/(g.h)]
隆香634A	精量印刷播（粘）种育秧	3.8a	15.8a	10.3a	3.5b	0.33b	14.9b	4.5b	1.6b
	常规盘育秧	3.5b	15.1a	9.8a	2.0c	0.28c	9.7c	4.3b	1.3c
	传统水育秧	2.9c	13.4b	9.9a	3.8a	0.35a	16.3a	5.6a	1.9a
晶4155S	精量印刷播（粘）种育秧	3.8a	12.5a	10.9a	3.9b	0.33a	14.0b	5.1b	2.0b
	常规盘育秧	3.7a	12.2a	9.9b	2.4c	0.27b	9.9c	5.0b	1.6c
	传统水育秧	3.3b	10.5b	10.8ab	4.2a	0.34a	16.6a	7.1a	2.4a
33S	精量印刷播（播）种育秧	4.0a	15.5a	11.4a	2.2b	0.47b	23.1a	4.6b	1.5b
	常规盘育秧	3.8a	13.8b	10.7a	1.2c	0.29c	15.3b	4.3b	1.0c
	传统水育秧	3.3b	13.4b	11.5a	3.4a	0.56a	23.9a	7.7a	2.2a

注：不同小写字母表示同一列中数据达到5%水平显著差异。

（二）不同发芽率亲本精量印刷播（粘）种育秧的成苗与机插效果

2020年，选择发芽率差异大的3个亲本，即晶4155S、广占

63－4S、隆香 634A（发芽率分别为 89%、59%和 67%），进行精量印刷播（粘）种育秧与机插效果试验。由表 3 可知，晶 4155S 的胶点密度采用 10 mm×10 mm、10 mm×12 mm，广占 63－4S 和隆香 634A 的胶点密度采用 7.5 mm×7.5 mm 时；秧盘成苗密度达到 1.03～1.28 苗/cm^2、平均机插苗数达到 2.3～2.8 苗/穴，空穴率 6.1%～8.2%，机插效果良好。但是，随着胶点密度的减小，机插效果逐步降低（每穴苗数减少、空穴率增加）。说明对发芽率在 60%左右的亲本种子制种时选用高密度（7.5 mm×7.5 mm）的精量印刷播（粘）种育秧，同样可获得类似于 90%左右发芽率种子的机插效果。

表 3 不同发芽率亲本精量印刷播（粘）种育秧的成苗与机插效果

（2020. 江苏大丰）

亲本	发芽率（%）	胶点密度（mm）	成苗密度（苗/cm^2）	机插苗数（苗/穴）	空穴率（%）
晶 4155S	89	10×10	1.03	2.27	8.2
		10×12	0.96	2.12	11.7
		10×14	0.74	1.62	15.2
广占 63－4S	59	7.5×7.5	1.10	2.42	6.1
		10×10	0.87	1.92	17.7
		10×12	0.31	0.68	22.5
隆香 634A	67	7.5×7.5	1.28	2.81	6.9
		10×10	0.79	1.73	11.7
		10×12	0.63	1.40	16.9

（三）不同机插秧龄对播始历期的影响

2019 年，著者带领团队在湖南武冈试验基地，对晶 4155S、黄莉占两个亲本分别进行秧龄期 13 d、16 d、19 d、22 d、25 d 和 18 d、21 d、24 d、27 d、30 d、33 d 精量印刷播（粘）种水育秧机插，研究秧龄期对播始历期的影响，以人工播种水育秧为对照。试验结果（表 4）表明，两个亲本的播始历期随着秧龄期的延长而增加。精量印刷播（粘）种水育秧每延长 1 d 秧龄期，播始历期延长的天数平均为 0.75 d、0.71 d；而人工播种水育秧的播始历期延长天数为0.86 d、0.51 d。

表 4　不同机插秧龄对父母本播始历期的影响（2019. 湖南武冈）

亲本名	秧龄期 (d)	精量印刷播（粘）种水育秧（35 g/盘）				人工播种（45 g/盘）			
		播种期（月/日）	始穗期（月/日）	播始历期 (d)	TD*	播种期（月/日）	始穗期（月/日）	播始历期 (d)	TD*
晶 4155S	13	5/23	8/8	77		5/25	8/9	76	
	16		8/10	79	0.67		8/12	79	1.0
	19		8/13	82	0.83		8/15	82	1.0
	22		8/15	84	0.60		8/16	83	0.77
	25		8/16	85	0.89		8/17	84	0.67
	平均			81.4	0.75	平均		80.8	0.86
黄莉占	18	5/9	8/7	90		5/12	8/8	88	
	21		8/9	92	0.67		8/9	89	0.33
	24		8/12	95	0.83		8/11	91	0.5
	27		8/13	96	0.66		8/13	93	0.55
	30		8/15	98	0.66		8/15	95	0.58
	33		8/18	101	0.73		8/17	97	0.6
	平均			95.3	0.71	平均		92.2	0.52

* TD 为秧龄期每延长 1 d，播始历期增加的天数。

2022 年，根据杂交水稻制种不同亲本实际机插秧龄期的需要，著者带领团队在江苏大丰试验基地，对 R1607、R534、晶 4155S、荃 9311A 4 个亲本进行精量印刷播（粘）种水育秧机插，父本秧龄期 35 d、40 d、45 d、50 d、55 d 和母本秧龄期 30 d、35 d、40 d、45 d、50 d，研究秧龄期对播始历期的影响，以人工播种水育秧为对照。试验结果见表 5。

试验结果表明，R1607、R534、晶 4155S、荃 9311A 4 个亲本进行精量印刷播（粘）种水育秧，每延长 1 d 秧龄期，其播始历期延长的天数平均分别为 1.13 d、0.73 d、0.47 d、0.27 d；人工播种水育秧的分别为 0.73 d、0.33 d、0.33 d、0.2 d；说明精量印刷播（粘）种水育秧的秧龄期对播始历期的影响程度比人工播种水育秧的大，且不同亲本间差异较大。

表 5 杂交水稻亲本不同秧龄期对播始历期的影响（2022. 江苏大丰）

育秧方法	亲本	第一期机插		第二期机插		第三期机插		第四期机插		TD*
		秧龄 (d)	播始历期 (d)	秧龄 (d)	播始历期 (d)	秧龄 (d)	播始历期 (d)	秧龄 (d)	播始历期 (d)	
精量印刷播（粘）种水育秧	R1607	40	103	45	109	50	115	55	120	1.13
	R534	35	96	40	98	45	102	50	107	0.73
	晶 4155S	30	88	35	90	40	93	45	95	0.47
	荃 9311A	30	85	35	87	40	89	45	89	0.27
人工播种水育秧	R1607	33	91	38	95	43	100	48	102	0.73
	R534	28	86	33	88	38	90	43	91	0.33
	晶 4155S	23	80	28	81	33	83	38	85	0.33
	荃 9311A	23	74	28	33	76	38	77	0.20	

* TD=秧龄每延长 1 d 亲本播始历期增加的天数。

由表 5 还可以看出，在相同的秧龄期下，精量印刷播（粘）种水育秧亲本的播始历期比人工播种水育秧的要长 7～18 d。随着秧龄期的增长，播始历期的差值增大。播始历期长达 95 d 以上的亲本，精量印刷播（粘）种水育秧的秧龄期可长达 50 多 d，即能实现中苗、大苗（4.1～7.5 叶）机插，这是常规盘育秧方法难以做到的。但秧龄期会对亲本播始历期产生影响，在 20～30 d 秧龄期（叶龄 3.5～5.0 叶）内，每推迟 1 d 机插，播始历期增加 0.5～0.7 d；在 30～50 d 秧龄期（叶龄 5.1～7.5 叶）内，每推迟 1 d 机插，播始历期增加 0.7～1.1 d。不同亲本秧龄期对播始历期的影响程度（TD 的值）有较大差异。

第二节 杂交水稻制种父母本机插秧技术研究

杂交水稻制种对父母本群体的培养，要求确保父母本花期相遇。对父本既要求有较长的抽穗开花期，又在花期内有充足的花粉；对母本既要求在单位面积内有较多的穗粒数，又要求群体整齐一致、抽穗开花期短。因此，对父母本不能采取相同的培管技术，形成了“父本靠发、母本靠插”的栽培原则；即父本主要来自移栽后大田分蘖成穗，母本则主要为多插基本苗，创立了制种父母本群体定向培养技术。杂交水稻制种父母本机插秧技术也必须遵循该技术原则。

一、杂交水稻制种母本机插秧特性

针对不同制种母本的生育特性和分蘖成穗特性，2016 年 5—9 月，著者带领团队在湖南武冈机械化制种基地研究机插密度对不同制种母本穗粒群体、生育期和抽穗特性等的影响。在试验中，对 6 个参试母本品种采用了 4 种机插密度，D_1 机插密度为 14 cm×18 cm、D_2 机插密度为 14 cm×20 cm、D_3 机插密度为 14 cm×24 cm、D_4 机插密度为 12 cm×30 cm。同时，以人工移栽作对照组（CK），密度为 16.7 cm×20 cm；机插秧苗叶龄 3.1 叶，人工移栽秧苗叶龄 5.1 叶。

（一）不同机插密度下基本苗数的差异

对 4 种机插密度下母本每平方米的基本苗数进行调查（表 6）。结果表明，6 个母本品种在 4 种机插密度下每平方米栽插的苗数均极显著高于人工移栽的，4 个机插密度间也有极显著差异；随着机插密度的增大，基本苗数增加。另据调查，单穴栽插苗数变幅在 0～7 苗，以 1～4 苗居多，占 75%以上；平均苗数为 2.04～3.03 苗/穴，漏穴率在 12%～18%。

表 6　母本 4 种机插密度单位面积基本苗数（苗/m^2）

机插密度	基本苗数					
	湘陵 628S	丰源 A	广占 63S	深 95 A	Y58S	H638S
D1	95.2aA	95.2aA	96.5aA	95.2aA	92.6aA	93.9aA
D2	83.3bB	83.3bB	84.5bB	84.5bB	84.5bB	84.5bB
D3	70.4cC	70.4cC	70.4cC	70.4cC	70.4cC	70.4cC
D4	64.8dD	64.8dCD	64.8dD	64.8dD	65.7dD	66.7dC
CK	59.9eE	59.9eD	59.9eE	59.9eE	60.0eE	59.9eD

注：不同小写字母和大写字母分别表示同一列中数据达到 5%水平显著差异和 1%水平极显著差异。

（二）机插密度对母本播始历期的影响

6 个母本品种 4 种机插密度下的播始历期结果见表 7。由表 7 可知，除湘陵 628S 在 4 种机插密度下的播始历期与水育秧人工移栽的均无显著差异外，另 5 个母本品种在 4 个机插密度下的播始历期均比水育秧人工移栽的长约 1～3 d；6 个母本 4 个机插密度间的播始历期差异小。说明母本机插的播始历期较人工移栽的更长，生育期越长的母本受影响越大；但机插密度对母本播始历期的影响小。

表 7　母本 4 种机插密度的播始历期（d）

机插密度	播始历期					
	湘陵 628S	丰源 A	广占 63S	深 95A	Y58S	隆科 638S
D1	70.7a	71.7bc	74.7ab	78.0a	84.0b	90.0a
D2	70.7a	72.3ab	75.0a	78.0a	85.3a	90.0a

（续）

机插密度	播始历期					
	湘陵 628S	丰源 A	广占 63S	深 95A	Y58S	隆科 638S
D3	70.3a	72.3ab	75.0a	77.7a	84.0b	89.7a
D4	70.7a	73.7a	75.7a	78.0a	85.3a	90.7a
CK	70.3a	70.3c	73.3b	76.0b	83.7b	87.7b

注：不同小写字母表示同一列中数据达到 5%水平显著差异。

（三）机插密度对母本群体抽穗历期的影响

根据对 4 种机插密度下母本群体抽穗历期的调查可知，4 种机插密度下母本的抽穗历期均与人工移栽的无显著差异，说明不同机插密度对母本群体抽穗历期的影响小，即不影响母本群体花期长度（表 8）。

表 8　母本 4 种机插密度的群体抽穗历期（d）

机插密度	抽穗历期					
	湘陵 628S	丰源 A	广占 63S	深 95A	Y58S	隆科 638S
D1	8.0a	8.3a	7.7a	7.0a	10.3a	7.3a
D2	8.3a	9.0a	7.0a	7.0a	9.7a	6.3a
D3	7.3a	8.7a	7.7a	7.0a	10.3a	6.7a
D4	8.0a	8.3a	7.0a	7.0a	10.0a	7.3a
CK	7.0a	8.0a	7.7a	7.3a	10.7a	7.7a

注：不同小写字母表示同一列中数据达到 5%水平显著差异。

（四）机插密度对母本群体总颖花数的影响

根据 6 个母本品种在 4 种机插密度下单位面积总颖花数的调查结果（表 9）可知，湘陵 628S、丰源 A、隆科 638S 3 个母本品种在 4 种机插密度下每平方米的颖花数均显著高于人工移栽的；说明与人工移栽相比，母本机插均可获得制种高产所需的穗粒群体。6 个母本品种在不同机插密度下群体总颖花数的差异表现不一，说明不同母本可根据分蘖成穗的特性选择不同机插密度；其中，Y58S 最适宜机插密度为 14 cm×20 cm，其他母本品种适宜14 cm×18 cm的高密度机插。

表 9　6 个母本 4 种机插密度的单位面积总颖花数（万个/m^2）

机插密度	总颖花数					
	湘陵 628S	丰源 A	广占 63S	深 95A	Y58S	隆科 638S
D1	5.2a	5.0a	4.2a	4.6a	3.8b	4.5a
D2	4.7b	4.7b	3.7c	4.1b	4.7a	4.4ab
D3	4.4bc	4.0d	3.4cd	3.8cd	4.1b	3.9c
D4	4.8b	4.7c	3.3d	3.7d	4.4a	4.2b
CK	4.2c	3.4e	4.0b	4.0bc	4.0b	3.9c

注：不同小写字母表示同一列中数据达到 5%水平显著差异。

以上试验结果表明：①母本机插秧的播始历期较人工移栽延长 1～3 d，不同母本延长天数不同。②不同机插密度对母本播始历期的影响小。③机插秧对制种母本群体抽穗历期和花期没有影响。④母本机插秧单位面积总颖花数显著高于人工移栽，可以培养出高产穗粒群体；制种母本可选择多种密度机插，但更宜选择高密度机插。

二、杂交水稻制种父本机插秧特性

采用农用无人飞机辅助授粉时，可以将父母本相间种植的行比扩大到（4～6）∶（30～40），即父本种植 4～6 行、母本种植 30～40行，这种模式下父本能采用机插方式。研究制种父本机插秧群体的特性，可为父本机插秧栽培技术提供依据。

2016 年 5—10 月，著者带领团队在湖南武冈机械化制种试验基地以华占、蜀恢 527、R9311 3 个父本品种为供试材料，分两期播种（相隔 5 d），第 1 期父本 3.5～3.7 叶、第 2 期父本 2.7～3.1 叶时进行机插，以水育秧 4.5 叶时人工移栽为对照。采用 3 种栽插处理：B1 为宽窄行插秧机栽插，栽插密度 25 cm×（40～20）cm；B2 为等行插秧机栽插，栽插密度 25cm×30 cm；CK 为人工育秧栽插，栽插密度 25cm×30 cm。单穴栽插苗数平均为 1～3 苗。

（一）机插秧对父本播始历期的影响

根据对 3 个父本品种在不同栽插方式下播始历期的调查结果（表 10）可知，3 个父本品种在两种机插处理间的播始历期无差异；与人工栽插相比，华占与 R9311 机插第 1 期的播始历期比人工栽插长 2 d，蜀恢 527 机插第 1 期的播始历期比人工栽插长 1 d；而 3 个父本品种的第 2 期机插播始历期与人工栽插均无差异，且 2 期父本的播始历期比 1 期的短 3～4 d。

表 10　父本不同栽插方式的播始历期（d）

栽插方式	华占		蜀恢 527		R9311	
	第 1 期	第 2 期	第 1 期	第 2 期	第 1 期	第 2 期
B_1	90	86	93	89	102	99
B_2	90	86	93	89	103	99
CK	88	86	92	89	100	99

（二）机插秧对父本群体抽穗历期的影响

根据对 3 个父本品种等行机插、宽窄行机插与人工栽插群体的抽穗历期的调查结果（表 11）可知，机插秧父本群体的抽穗历期比人工栽插短 1～3 d；其中，华占与 R9311 的短 2～3 d，蜀恢 527 的短 1 d。等行机插与宽窄行机插的父本群体抽穗历期无差异。

表 11 父本机插群体的抽穗历期（d）

栽插方式	华占			蜀恢 527			R9311		
	1 期	2 期	群体	1 期	2 期	群体	1 期	2 期	群体
B_1	8	8	9	11	10	11	10	11	12
B_2	8	7	8	10	10	11	11	11	12
CK	9	9	11	9	10	12	11	11	14

（三）机插秧对父本群体穗粒构成的影响

根据对 3 个父本品种在不同栽插方式下群体穗粒构成的调查结果（表 12）可知，两种机插处理的单位面积有效穗和单位面积颖花数均高于人工栽插。其中，华占两种机插群体的单位面积颖花数显著高于人工栽插；蜀恢 527 宽窄行机插的单位面积颖花数显著高于等行机插和人工栽插，等行机插与人工栽插之间差异不显著；R9311 宽窄行机插、等行机插的单位面积颖花数均显著高于人工栽插，而宽窄行机插与等行机插之间差异不显著。说明机插秧有利于提高父本单位面积颖花数，宽窄行机插的效果优于等行机插。

表 12 父本机插秧群体的穗粒构成

栽插方式	华占		蜀恢 527		R9311	
	有效穗（穗/m^2）	颖花数（万朵/m^2）	有效穗（穗/m^2）	颖花数（万朵/m^2）	有效穗（穗/m^2）	颖花数（万朵/m^2）
B_1	379.2a	6.74a	292.8a	3.73a	242.1a	3.49a
B_2	335.2b	6.18b	252.0b	3.22b	233.7a	3.41a
CK	326.4b	5.80c	248.0b	3.13b	210.2b	3.05b

注：不同小写字母表示同一列中数据达到 5%水平显著差异。

以上试验结果表明，杂交水稻制种父本机插秧具有以下特性：①机插秧可使播始历期延长。与人工移栽相比，第 1 期父本的播始历期延长了 2 d；第 2 期父本的播始历期因比第 1 期机插时叶龄小，播始历期没有延长，宽窄行机插与等行机插表现一致。②机插群体抽穗历期比人工移栽群体要短 2～3 d。③机插秧父本群体的单位面积有效穗数和颖花数均高于人工移栽，且宽窄行机插要高于等行机插。

第三节 农用无人飞机喷施赤霉素技术研究

杂交水稻制种必须通过喷施赤霉素（GA3，俗称“920”）解除不育系抽穗卡颈和调节父母本穗层适宜高度，以便构建父母本良好的异交态势，提高异交结实率。因此，喷施赤霉素是确保杂交水稻制种高产的重要技术环节。杂交水稻制种要求在母本始穗期 2～3 d 内均匀喷施 3～4 次赤霉素，时效性强；但传统制种采用人工背负压力式喷雾器喷施赤霉素，劳动强度大、效率低，且人工喷施很难做到均匀喷施。因此，亟须研究规模化制种条件下机械化喷施赤霉素技术。

农用无人飞机应用于植保施药的实践表明，农用无人飞机飞行速度快，喷施雾滴小、喷洒均匀，具有药液用量少、浓度高、作业效率高、省工省力等特点；且在自主飞行模式下可做到断点续喷，无缺失、无重叠，喷施效果优于人工喷施。据此，著者带领团队于 2012 年开始探索农用无人飞机在杂交水稻制种中喷施赤霉素的效果和技术，以不育系全外露穗率、包颈粒率和穗层高度 3 项指标来评价无人飞机喷施赤霉素的可行性。

一、农用无人飞机喷施赤霉素的剂量及效果

2016 年，著者带领团队在海南乐东基地以 Y58S×R900 为

材料，父母本相间种植的行比为 6∶40，母本机插秧、父本人工移栽育秧，使用单旋翼电动力无人飞机（机型 hy-b-16 L）喷施赤霉素，供试赤霉素有效成分含量 3%、乳油型。设计 3 个无人飞机喷施剂量：M_1 为 26 g/亩，M_2 为 32 g/亩，M_3 为 38 g/亩；以人工背负式喷雾器喷施作对照组（CK），喷施剂量为 32 g/亩。农用无人飞机喷施的面积为 672.75 m^2，人工喷施的对照面积为 20 m^2，重复 3 次，分 2 次喷施；第 1 次喷施抽穗指标为 40%，喷施赤霉素用量为总量的 40%；第 2 天喷施第 2 次，赤霉素用量为总量的 60%。农用无人飞机作业每亩兑水量为 1 L，人工背负式喷雾器作业每亩兑水量为 15 L。

同年，著者带领团队在湖南武冈基地以丰源 A×华占、隆科 638S×R1813 为材料，父母本相间种植的行比为 6∶40，父母本均为机插秧。以人工背负式喷雾器喷施作对照。在对照组中，隆科 638S 的喷施剂量为 36 g/亩、丰源 A 的喷施剂量为 38 g/亩。农用无人飞机喷施的设计有 3 个剂量，P1 为人工喷施剂量的 60%，P2 为人工喷施剂量的 80%，P3 为人工喷施剂量的 100%；均分 2 次（2 d）喷施，第 1 次与第 2 次用量比例为 4∶6，第 1 次喷施时两个母本抽穗指标分别为 25%、15%。农用无人飞机喷施的面积为 1 200.6 m^2，人工喷施的面积为 20 m^2，3 次重复。

上述两次试验结果见表 13。在海南乐东基地对 Y58S 喷施赤霉素试验表明，农用无人飞机喷施与人工喷施采用同等剂量或 80%的剂量下，其穗层高、包颈粒率显著低于人工喷施，而全外露穗率显著高于人工喷施；说明农用无人飞机喷施的效果优于人工喷施，而且可以降低 20%的赤霉素用量。

在湖南武冈基地对隆科 638S 喷施赤霉素试验表明，农用无人飞机喷施剂量为人工喷施剂量的 60%、80%、100%时，穗层高显著高于人工喷施，包颈粒率、全外露穗率与人工喷施无显著差异。说明农用无人飞机喷施赤霉素的效果与人工喷施无差异，但可以降低赤霉素用量。

表 13　农用无人飞机喷施不同剂量赤霉素的效果

制种母本	处理	穗层高（cm）	包颈粒率（%）	全外露穗率（%）
Y58S（乐东）	M1	99.62±0.52c	0.67±0.18b	90.61±1.97a
	M2	99.57±0.15c	1.19±0.25b	85.85±0.73a
	M3	103.86±0.17b	0.97±0.16b	87.81±1.39a
	CK	108.78±0.14a	1.91±0.05a	66.57±2.39b
隆科 638S（武冈）	P1	112.35±0.82a	0.82±0.14a	71.79±4.02b
	P2	110.68±0.67a	0.53±0.11a	84.14±1.12a
	P3	110.29±1.91a	0.88±0.43a	79.05±4.84ab
	CK	100.12±0.26b	0.81±0.08a	76.17±2.50ab
丰源 A（武冈）	P1	103.69±0.38a	1.14±0.06b	75.14±2.12ab
	P2	103.52±0.63a	0.94±0.20b	77.16±3.08ab
	P3	103.54±0.17a	0.84±0.19b	81.07±4.42a
	CK	103.74±0.28a	1.78±0.11a	69.97±1.66b

注：不同小写字母表示同一列中数据达到 5%水平显著差异。

在湖南武冈基地对丰源 A 喷施赤霉素试验表明，农用无人飞机喷施剂量为人工喷施的 60%、80%、100%时，穗层高与人工喷施无显著差异，包颈粒率显著低于人工喷施，全外露穗率显著高于人工喷施；说明农用无人飞机喷施赤霉素的效果优于人工喷施，且降低 20%～40%赤霉素用量可获得同样的喷施效果。

综上所述，不同类型杂交水稻制种不育系均可使用农用无人飞机喷施赤霉素；在相同时期以同等剂量喷施，无人飞机喷施的穗层高度、包颈粒率均低于人工喷施，全外露穗率高于人工喷施，达到了制种高产要求的母本异交姿态。但因不同播插方式下母本群体间抽穗特性存在差异，使用农用无人飞机喷施赤霉素时，需探索不同播插方式下的始喷抽穗指标。

二、农用无人飞机喷施高浓度赤霉素对父母本异交态势和种子质量的影响

人工背负式喷雾器作业一般每亩药液用量为15～25 L。生产上可利用农用无人飞机喷药雾滴直径小和喷洒均匀的优势，但农用无人飞机机型较小、载荷不足、续航时间短，在同等用药量的情况下需减少兑水量（一般每亩兑水量为1～2 L），以提高其作业效率，由此提高了喷施药液的浓度。为探究农用无人飞机喷施高浓度赤霉素对杂交水稻制种亲本异交态势和种子质量的影响，以隆香634A×华占、4001S×黄莉占等5个制种组合为材料，采用农用无人飞机喷施高浓度赤霉素（T_1）、人工背负式喷雾器喷施等剂量低浓度赤霉素（T_2）和无人飞机喷施80%剂量高浓度赤霉素（T_3）3种处理方式，均分3次喷施；农用无人飞机作业每次每亩兑水量为1 L，人工背负式喷雾器作业每次每亩兑水量为15 L；研究3种处理取得的效果。

（一）农用无人飞机喷施高浓度赤霉素对制种母本异交态势的影响

农用无人飞机喷施高浓度赤霉素、农用无人飞机喷施80%剂量高浓度赤霉素和人工背负式喷雾器喷施等剂量低浓度赤霉素的试验结果（表14）表明，5个母本品种的穗层高度均表现为T1显著高于T2（除隆香634A外），增幅6.4～14.6 cm；T2高于T3，但差异不显著。从包颈粒率来看，以T1最低，但与T2和T3间差异不显著。从全外露穗率来看，T1高于T2，提高幅度为0.2～4.1个百分点，其中隆香634A、丰源A、33S、4042A的差异达显著水平；T2与T3间差异不显著。说明农用无人飞机喷施高浓度赤霉素与人工背负式喷雾器喷施等剂量低浓

度赤霉素相比较，能显著提高穗层高度和全外露穗率；而人工背负式喷雾器喷施等剂量低浓度赤霉素与农用无人飞机喷施 80% 剂量高浓度赤霉素处理间的差异不显著。

表 14　农用无人飞机喷施高浓度赤霉素对制种母本异交态势的影响

母本品种	处理	穗高（cm）	包颈粒率（%）	全外露穗率（%）
隆香 634A	T1	112.8a	2.8a	91.7a
	T2	106.4a	4.7a	87.6b
	T3	98.9a	3.6a	87.2b
丰源 A	T1	118.7a	0.3a	94.8a
	T2	104.1b	1.6a	91.5b
	T3	98.1b	0.4a	91.7b
4042A	T1	127.8a	0.5a	95.3a
	T2	118.2b	0.8a	91.8b
4001S	T1	117.9a	0.3a	93.6a
	T2	105.4b	1.0a	93.2a
	T3	102.0b	0.4a	86.7b
33S	T1	127.0a	1.2a	94.1a
	T2	120.2b	2.8a	90.2b
	T3	119.2b	2.5a	86.7b

注：不同小写字母表示同一列中数据达到 5%水平显著差异。

（二）农用无人飞机喷施高浓度赤霉素对母本结实率和种子质量的影响

农用无人飞机喷施高浓度赤霉素、人工背负式喷雾器喷施低浓度赤霉素对母本结实率和种子质量的影响见表 15。由结果可知，经 T1 与 T2 处理后，各制种组合母本穗萌芽率均有所下降，裂颖率和黑粉病粒率均有所提高，千粒重有所增加；但两种处理间的差异均未达显著差异水平。同时，各制种组合母本异交结实率均有不同程度的提高，提高幅度为1.75～9.79个百分点，其中隆香634A×华占、丰源A×华占、4001S×黄莉占、33S×黄莉占两种处理间差异达显著性差异水平。说明利用农用无人飞机喷施高浓度赤霉素能显著提高母本异交结实率，不会影响田间种子质量。

表15 农用无人飞机喷施高浓度赤霉素对母本结实率和种子质量的影响

组合	处理	萌芽率（%）	裂颖率（%）	黑粉病粒率（%）	千粒重（g）	结实率（%）
隆香634A×华占	T1	3.49a	6.20a	0.53a	24.69a	33.43a
	T2	4.85a	4.23a	0.40a	24.37a	24.73b
丰源A×华占	T1	3.52a	6.07a	1.17a	30.02a	31.16a
	T2	4.45a	4.87a	0.77a	29.91a	21.37b
4042A×华占	T1	0.43a	9.33a	0.23a	25.13a	19.46a
	T2	0.79a	6.03a	0.07a	24.92a	17.71a
4001S×黄莉占	T1	2.29a	26.8a	0.53a	23.31a	61.51a
	T2	2.63a	26.2a	0.50a	22.89a	54.01b
33S×黄莉占	T1	5.73a	6.13a	2.73a	25.92a	35.37a
	T2	5.82a	4.90a	2.13a	25.26a	30.95b

注：不同小写字母表示同一列中数据达到5%水平显著差异。

（三）农用无人飞机喷施高浓度赤霉素对种子活力的影响

农用无人飞机喷施高浓度赤霉素和人工喷施等剂量低浓度赤霉素对种子活力的影响见表16。结果表明，T1与T2比较，各制种组合的种子发芽势、发芽率提高幅度分别为4.3～11.6个百分点、3.3～9.7个百分点，发芽指数、活力指数提高幅度分别为0.68～6.13个单位和0.89～5.08个单位。其中，4042A×华占两种处理间各项种子活力指标的差异不显著，隆香634A×华占、4001S×黄莉占两种处理间各项种子活力指标的差异达显著差异水平，丰源A×华占的种子发芽势和发芽率、33S×黄莉占的发芽指数和活力指数两种处理间差异达显著差异水平。说明在同等剂量下利用无人飞机喷施高浓度赤霉素的种子活力显著高于人工喷施低浓度赤霉素。

表16　农用无人飞机喷施高浓度赤霉素和人工喷施等剂量低浓度赤霉素对种子活力的影响

组合	处理	发芽势（%）	发芽率（%）	发芽指数	活力指数
隆香634A×华占	T1	88.3a	90.7a	42.15a	13.23a
	T2	76.7b	81.0b	36.71b	8.37b
丰源A×华占	T1	94.3a	95.0a	46.31a	18.40a
	T2	86.3b	87.3b	40.36a	13.32a
4042A×华占	T1	82.7a	91.0a	29.94a	9.76a
	T2	76.7a	86.7a	29.26a	8.87a
4001S×黄莉占	T1	91.0a	93.3a	38.39a	9.27a
	T2	82.3b	87.7b	34.71b	7.63b
33S×黄莉占	T1	92.0a	94.0a	39.91a	13.32a
	T2	87.7a	90.7a	33.78b	9.93b

注：不同小写字母表示同一列中数据达到5%水平显著差异。

（四）农用无人飞机喷施高浓度赤霉素对种子抗老化性的影响

收获的种子经人工老化5 d，除丰源A×华占和4042A×华占的种子抗老化率表现为T1显著低于T2外，其他制种组合两种处理间无显著差异。人工老化10 d，各制种组合的种子抗老化率均表现为T1低于T2、T3，但三者间无显著性差异（表17）。说明农用无人飞机喷施高浓度赤霉素不会降低种子的抗老化性。

表 17　农用无人飞机喷施高浓度赤霉素对种子抗老化性的影响

组合	处理	发芽率（%）			抗老化率（%）	
		老化 0 d	老化 5 d	老化 10 d	老化 5 d	老化 10 d
隆香 634A×华占	T1	90.7a	82.3a	78.3a	0.91a	0.86a
	T2	81.0b	76.3a	74.7a	0.94a7	0.92a
	T3	82.0b	77.0a	73.3a	0.94a	0.89a
丰源 A×华占	T1	95.0a	80.3a	77.0a	0.85a	0.81a
	T2	87.3b	78.7b	76.0a	0.90b	0.87a
	T3	89.7b	79.3ab	75.7a	0.88a	0.84a
4042A×华占	T1	91.0a	52.3a	41.7a	0.57a	0.46a
	T2	86.7a	60.0a	46.3a	0.69b	0.53a
4001S×黄莉占	T1	93.3a	84.7a	82.7a	0.91a	0.89a
	T2	87.7b	81.7a	79.3a	0.93a	0.90a
	T3	86.0b	84.3a	78.0a	0.98a	0.91a
33S×黄莉占	T1	94.0a	86.3a	82.3a	0.92a	0.88a
	T2	90.7a	85.7a	83.0a	0.94a	0.92a
	T3	91.7a	85.3a	80.7a	0.93a	0.88a

注：1. 抗老化率（%）＝老化 5 d 或 10 d 后总发芽数/老化 0 d 总发芽数×100%。

2. 不同小写字母表示同一列中数据达到 5%水平显著差异。

以上研究结果表明，农用无人飞机喷施高浓度赤霉素能够降低制种母本的包颈粒率和穗芽发生率，显著提高全外露穗率、穗层高度和种子活力；异交结实率最大增幅达 9.79%，活力指数增值最大为 5.08 个单位，对种子耐储性无影响；农用无人飞机喷施 80%剂量高浓度赤霉素可以达到人工背负式喷雾器喷施等剂量低浓度赤霉素的同等效果。说明利用农用无人飞机喷施高浓度赤霉素既有利于改善制种组合异交态势，提高制种产量和种子质量；又能增加农用无人飞机的载药量，减少更换电池及药液的次数，延长滞空时间；有效解决了农用无人飞机载荷小、续航时间短的问题，提高了作业效率。

适宜的穗层高度是良好异交态势的基础，包颈粒率越低、全外露穗率越高则反映出喷施赤霉素的效果越好。植物茎叶对赤霉素的吸收在一定范围内随药液浓度增加而增强，而农用无人飞机喷施赤霉素相对人工喷施具有浓度高、药液雾化程度高、雾滴小、药剂分散度高等特点，能够提高药剂喷施的均匀性。农用无人飞机旋翼旋转产生的风场能扰动农作物冠层叶片，使作物与雾滴接触更充分；同时，在风场的作用下雾滴穿透性增强，雾滴沉积效果增强，有利于雄性不育系对赤霉素的吸收，提高其利用率，从而改良作物异交态势。利用农用无人飞机喷施高浓度赤霉素，可以显著提高母本的全外露穗率，母本穗层高度明显增加，包颈粒率呈下降趋势。农用无人飞机喷施 80%剂量高浓度赤霉素，能够达到人工喷施 100%剂量低浓度赤霉素相同效果。在生产实际中，应根据不同母本对赤霉素的敏感程度来确定农用无人飞机喷施赤霉素的剂量，以降低后期倒伏风险。

有关喷施赤霉素对种子质量影响的报道结果不尽一致。李楠指出，杂交水稻制种中施用外源赤霉素能降低种子病害的发生与裂颖率，减少不育系制种的穗芽发生率。李忠芹在研究中提出，赤霉素能促进开颖角度，有利于亲本结实，但也有利于黑粉病病菌的侵入。利用农用无人飞机喷施高浓度赤霉素，可以降低各母本穗芽发生率；其原因是农用无人飞机喷施高浓度赤霉素提高了穗高和全外露穗率，降低包颈粒率，也降低了穗部湿度。使用农用无人飞机喷施高浓度赤霉素后，裂颖率及黑粉病率虽有增高趋势，但与人工喷施处理相比无显著差异，说明利用农用无人飞机喷施高浓度赤霉素不会降低种子田间质量。

赤霉素能够打破种子休眠，促进种子萌发，并且能够保持诱发后的活力。利用农用无人飞机喷施高浓度赤霉素能显著提高杂交水稻制种母本种子的各项活力指标；其中，发芽势、发芽率最大增幅分别为11.6%、9.7%，发芽指数和活力指数分别增加了6.13和5.08，对种子抗老化特性无明显影响。

三、农用无人飞机喷施赤霉素的适宜时期

不同亲本对赤霉素的敏感程度不一，因此需要确定不同亲本喷施赤霉素的适宜时期。喷施赤霉素的时期常以群体抽穗指标来表示。人工喷施赤霉素试验结果表明，Y58S、隆科638S、丰源A 3个母本的始喷抽穗指标分别为群体抽穗率40%、20%、15%左右。为研究农用无人飞机喷施赤霉素的适宜时期，2016年，著者带领团队在海南乐东基地和湖南武冈基地进行农用无人飞机喷施赤霉素的剂量研究。在试验中，从Y58S、隆科638S、丰源A各群体中分别选取5个抽穗率的单株各9株进行挂牌标记，喷施赤霉素后对5个不同抽穗指标的喷施效果进行调查。3个亲本5个不同抽穗指标分别为Y58S抽穗率10%、20%、30%、40%、50%；隆科638S抽穗率5%、10%、20%、30%、40%；丰源A抽穗率0%、5%、10%、20%、30%。3个母本的无人飞机喷施赤霉素剂量分别为32 g/亩、28.8 g/亩、30.6 g/亩，分别以群体抽穗率为40%、20%、15%左右时人工喷施为对照组（CK），3次重复。授粉结束后的第10天对标记单株取样调查喷施赤霉素的效果，结果见表18。

由表18可知，Y58S各单株经农用无人飞机喷施赤霉素后的穗层高度和包颈粒率均显著或极显著低于人工喷施的，全外露穗率均极显著高于人工喷施的，其中以抽穗率40%时喷施效果最好；说明Y58S制种在群体抽穗指标为40%时使用农用无人飞机喷施赤霉素，田间抽穗率10%、20%、30%、50%左右的单株均有较好的喷施效果。隆科638S各单株经农用无人飞机喷施赤

霉素后，包颈粒率都低于人工喷施，穗层高度和全外露穗率均高于人工喷施，各单株间差异不显著；说明隆科 638S 制种在始喷抽穗指标为 20%时使用农用无人飞机喷施赤霉素，田间抽穗率 5%、10%、30%、40%左右的单株均有良好的喷施效果。丰源 A 各单株农用无人飞机的喷施效果与人工喷施的无显著差异，但始喷抽穗率较低的包颈粒率较低、全外露穗率较高，说明丰源 A 在抽穗率较低时喷施效果较好。

表 18　不同抽穗率指标单株采用农用无人飞机喷施赤霉素的效果

母本	抽穗率（%）	穗层高（cm）	包颈粒率（%）	全外露穗率（%）
Y58S	10	95.94±1.37bBC	1.88±0.94aA	68.95±9.97aA
	20	95.98±1.05bBC	1.98±1.09aA	78.89±8.58aA
	30	97.02±0.96bB	1.66±0.28aA	80.75±4.75aA
	40	95.82±1.06bBC	1.35±0.76aA	74.53±7.79aA
	50	92.73±0.51cC	1.84±0.50aA	78.21±3.81aA
	CK	107.72±0.34aA	2.19±0.55aA	70.40±5.21aA
隆科 638S	5	115.19±3.33aA	0.76±0.46aA	82.04±2.73abA
	10	110.79±1.76abA	0.73±0.52aA	77.10±10.38abA
	20	111.02±1.30abA	0.28±0.09aA	90.81±1.19aA
	30	107.11±2.44bAB	0.57±0.27aA	78.85±6.85abA
	40	109.29±0.64abA	0.29±0.20aA	91.89±2.62aA
	CK	98.77±0.81cB	0.85±0.23aA	72.06±4.00bA
丰源 A	0	113.06±1.31aA	0.96±0.38aA	81.41±5.78aA
	5	109.91±0.40bAB	0.72±0.39aA	74.72±8.38aA
	10	105.84±1.26cC	0.57±0.22aA	80.80±5.94aA
	20	96.56±0.70dD	1.03±0.06aA	73.02±1.73aA
	30	92.25±0.63eE	1.40±0.36aA	75.87±2.69aA
	CK	107.55±0.94aA	0.88±0.20bB	78.49±4.37aA

注：不同小写字母和大写字母分别表示同一列中数据达到 5%水平显著差异和 1%水平极显著差异。

上述结果表明，不同制种母本对赤霉素的敏感性有较大差异；因此，应根据不育系对赤霉素的敏感程度确定适宜的喷施时期与抽穗指标。对赤霉素敏感度高的不育系，如 Y58S、隆科 638S，使用农用无人飞机喷施赤霉素最适始喷抽穗指标为 20%～40%，并可以减少喷施用药量 20%左右；对赤霉素敏感度一般或钝感的不育系，如丰源 A，最适始喷抽穗指标为 10%～20%。

第四节 农用无人飞机辅助授粉技术研究

杂交水稻制种完全依赖父母本异花授粉方式获得产量；母本异交结实率的高低，取决于父本花粉能否散落到母本柱头上。父本花粉能否散落到母本柱头上取决于两个基本条件：一是在单位时间、单位空间内父本花粉密度的大小。花粉密度越大，散落到母本柱头上的概率越大。二是花粉需要借助一定的外力才能传播。水稻的花粉粒小而轻，借助一定的风力可以使花粉从裂开的花药中散出和传播；但在父本开花散粉时，自然风力的大小或有无是不确定的。因此，需要在父本开花散粉高峰时段采用人工辅助措施，辅助父本花粉集中散出，均匀传播到母本群体的柱头上。传统的人工辅助授粉措施由于作用于父本的力度小，存在花粉传播距离较近、花粉传播不均匀、作业效率低等问题，使得父母本只可采取小行比种植模式，从而限制了杂交水稻制种的机械化作业。

著者带领团队从 2012 年起系统研究了不同类型农用无人飞机（单旋翼、四旋翼、六旋翼等，载荷10－40 L）在父母本不同种植行比群体（设计 2∶16、2∶18、4∶24、4∶28、4∶32、6∶32、6∶35、6∶40、8∶40、8∶50 等）、不同飞行高度下的辅助制种授粉的效果和效率，获得了各类农用无人飞机辅助授粉的适宜飞行技术参数。利用农用无人飞机旋翼产生的风场可将父本花粉扬起，再通过农用无人飞机向前飞行时产生的风力将花粉吹向两边的母本行（图 14、图 15）。由于农用无人飞机授粉的风力大，父本花粉能充分散出，且花粉传播距离远，花粉分布均匀，作业效率高，可大幅扩大父母本种植行比；同时，大行比种植模式下更便于父母本的机械化种植和收获。基于此提出了杂交水稻全程机械化制种的技术路线：农用无人飞机辅助授粉、扩大父母本行比与厢宽、父母本机械栽插和机械分收，以及农用无人飞机施肥、施药与喷施赤霉素。

图 14　单旋翼农用无人飞机授粉

图 15　多旋翼农用无人飞机授粉

一、不同父母本行比农用无人飞机辅助授粉的效果

（一）单旋翼农用无人飞机辅助授粉的效果

2012 年，著者带领团队首次在湖南君山区良心堡镇进行了农用无人飞机辅助授粉效果试验，设计了 6 个父母本行比，授粉机型为电动单旋翼无人飞机 hy－A－10 L 型，参试组合为 P88S×R1128；农用无人飞机授粉期在 8 月 18 日—27 日，父母本花期相遇好，授粉期间气候适宜、自然风小。农用无人飞机辅助授粉时母本厢田间平均花粉密度为 3.6 粒/视野以上，母本平均结实率 43%，制种产量 200 kg/亩左右，6 个父母本行比间结实率和产量差异不显著（表 19）。

表 19 单旋翼农用无人飞机辅助授粉结果（2012. 湖南君山）

行比	花粉密度*	平均结实率（%）	产量（kg/亩）
4∶20	4.3	45.1	193.23
4∶30	4.9	43.3	198.19
6∶30	4.6	45.8	201.23
6∶40	3.6	42.8	205.53
8∶40	3.9	44.4	211.52
8∶50	3.9	44.4	214.69

* 母本厢田间花粉密度调查方法：在母本厢中穗层中按垂直于父本行方向每隔 1 m 放置 1 块涂有凡士林的载玻片（涂凡士林的一面朝上），无人飞机授粉后取回玻片，用 2%碘-碘化钾溶液染色，在 10×10 倍显微镜下计数 15 个视野的平均正常染色花粉粒数。

2014 年，在湖南武冈和广东始兴对 1892S×R1813 和隆科 638S×R1813 两个组合 6 种行比（6∶40、6∶50、6∶60、8∶60、8∶70、8∶80）制种进行单旋翼无人飞机授粉试验，两个基地父母本花期相遇良好，授粉期天气较好，自然风速在 0～2 级，授粉时人眼可见花粉呈雾状飞扬。母本异交结实调查结果见表 20。

表 20 单旋翼农用无人飞机辅助授粉母本异交结实率
（2014. 湖南武冈、广东始兴）

基地	机型	6 行父本				8 行父本			
		6∶40	6∶50	6∶60	平均	8∶60	8∶70	8∶80	平均
武冈	电动	47.8	45.9	47.4	47.0	/	39.9	41.9	40.9
	油动	48.6	45.0	43.9	45.8	/	44.2	38.6	41.4
始兴	电动	43.2	45.0	44.6	44.3	42.6	35.7	35.8	38.0
平均		46.5	45.3	45.3	45.7	42.6	39.9	38.8	40.1

从表 20 可知：①父本种植 6 行时，农用无人飞机授粉结实率为 45%左右，比种植 8 行父本的结实率（40%左右）高 4～6 个百分点；说明使用单旋翼农用无人飞机授粉时，父本适宜的种

植行数为 6 行。②两个基地的两个组合进行两种机型授粉，6∶40、6∶50、6∶60 3 个父母本行比间的结实率无显著差异。

2015 年，在海南乐东以 33S×黄华占、隆科 638S×R534 两个组合制种，采用 3 种父母本行比（6∶40、6∶50、6∶60）制种，进行单旋翼农用无人飞机辅助授粉试验；授粉期在 4 月 29 日—5 月 9 日，授粉期天气晴好，因自然风速较大（3～5 m/s），无人飞机飞行授粉时未见明显雾状花粉。同年，在湖南武冈基地以深 08S、广占 63 S 为母本与 R1 813 配组制种，对 3 种父母本行比进行单旋翼无人飞机授粉试验，授粉期为 8 月 8 日—18 日，期间有阵雨，自然风小，飞行授粉时可见雾状花粉扬起。

试验结果表明，4 个制种组合采用父母本大行比种植、单旋翼农用无人飞机辅助授粉的母本结实率、产量，与采用小行比种植、人工辅助授粉的无显著差异；3 个行比间差异不显著，但以行比6∶40的母本结实率和产量最高（表 21）。

表 21　单旋翼农用无人飞机辅助制种授粉结果

授粉方法	父母本行比	海南乐东（2015）			湖南武冈（2015）		
		组合	结实率（%）	产量（kg/亩）	组合	结实率（%）	产量（kg/亩）
农用无人飞机	6∶40	隆科 638S×R534	50.0	229.9	广占 63S×R1813	32.93	202.95
	6∶50		46.5	227.8		34.36	193.45
	6∶60		45.5	217.2		32.52	195.17
人工授粉	2∶12		42.9	236.6			
农用无人飞机	6∶40	33S×黄华占	53.3	287.9	深 08S×R1813	36.61	202.95
	6∶50		49.5	272.3		28.91	193.45
	6∶60		51.5	276.7		32.05	195.17
人工授粉	2∶12		53.4	263.0			

（二）多旋翼农用无人飞机辅助授粉的效果

2012—2016 年试验与示范表明，在父母本种植行比 6：(30～40)，单旋翼农用无人飞机可以应用于杂交水稻制种辅助授粉，母本的结实率和制种产量与小行比人工辅助授粉方法相当甚至更高。但随着农用无人飞机技术的快速发展，2018 年后基本上以四旋翼、六旋翼的机型为主，且具有全自主飞控功能，作业操作更简单、安全、高效。2020 年，用极飞 XP2020（四旋翼）、大疆 T16（六旋翼）两种多旋翼农用无人飞机授粉，父母本行比为 6：35，在母本厢中垂直于父本厢方向的 7 个位点检测花粉密度与异交结实率，结果见表 22。

表 22　多旋翼农用无人飞机授粉母本厢田间花粉密度观测结果（2020. 江苏大丰）

无人飞机	项目	母本厢位点							平均
		1	2	3	4	5	6	7	
极飞 XP2020	花粉密度（粒/视野）	4.8	3.7	3.2	3.3	3.2	3.5	3.6	3.6
大疆 T16		4.9	3.5	3.3	3.3	3.2	3.4	3.7	3.6
极飞 XP2020	异交结实率（%）	42.6	38.7	40.6	39.1	34.8	40.9	46.4	40.4
大疆 T16		43.3	38.5	39.2	35.0	39.7	40.7	45.3	40.3

表 22 结果表明，使用极飞 XP2020 和大疆 T16 授粉的平均花粉密度均为 3.6 粒/视野，母本结实率分别为 40.4%、40.3%，两者间几乎没有差异；母本厢各位点的花粉密度变幅为 3.2～4.9 粒/视野，结实率变幅为 35%～46%；靠近父本厢花粉密度和结实率高于母本中间的位点，但各位点花粉密度均在 3 个以上；母本授粉结实率达到 35%～46%；说明多旋翼农用无人飞机具有良好的辅助授粉效果。

二、不同类型农用无人飞机授粉作业的飞行技术参数

（一）不同机型适宜飞行技术参数

农用无人飞机飞行时的旋翼风力作用于制种父母本穗层时，会产生一个漩涡（图16），称为风场漩涡。风场漩涡的大小与深度受农用无人飞机的机型（自重、载荷、旋翼直径）、飞行速度、飞行高度的影响。飞机的飞行幅宽为该机型最大的风场漩涡直径，一般来说，飞机的旋翼直径和自重载荷大，风场漩涡就大；飞行速度越快，风场漩涡就小；飞行高度越高，风场漩涡越小。确保农用无人飞机辅助授粉最佳效果和效率的关键是获得最佳的风场漩涡。最佳风场漩涡是指漩涡的直径最大、深度适宜（在20 cm左右）。要获得最佳风场漩涡的关键则是根据不同的机型配置适宜的飞行技术参数。目前，生产上应用较多的机型主要有六旋翼农用无人飞机T16、T20、T30，四旋翼农用无人飞机P20、P30、P80、P100，单旋翼农用无人飞机V40、V50等。对T20、T30、P80、P100、T40、V50 6种机型农用无人飞机在不同飞行速度、飞行高度飞行时边际风速达到1 m/s的风场漩涡直径进行了测试，结果见表23。

图16　农用无人飞机飞行时落在穗层的漩涡

表 23 6 种农用无人飞机风场漩涡测试结果（2022. 江苏大丰）

机型	飞行高度（m）	飞行速度（m/s）	漩涡直径（m）
P80	2.5	5.5	7
	2 5	6 0	8
	2.5	6.5	9
	3.0	5.5	9
	3.0	6.0	9
	3.0	**6.5**	**9**
	3.5	5.5	5
	3.5	6.0	9
	3.5	6.5	7
T30	2.5	5.5	8
	2.5	6.0	9
	2.5	6.5	9
	3.0	5.5	9
	3 0	6 0	9
	3.0	**6.5**	**9**
T20	1.5	4.5	7
	1.5	5.0	7
	1.5	5.5	6
	2.0	4.5	7
	2 0	5 0	7
	2.0	**5.5**	**7**

机型	飞行高度（m）	飞行速度（m/s）	漩涡直径（m）
P100	2.5	5.5	9
	2 5	6 0	9
	2.5	6.5	9
	3.0	5.5	7
	3.0	6.0	7
	3.0	**6.5**	**9**
	3.5	5.5	6
	3.5	6.0	8
	3.5	6.5	8
T40	2.5	5.5	8
	2.5	6.0	8
	2.5	6.5	8
	3.0	**5.5**	**9**
	3 0	6 0	8
	3.0	**6.5**	**8**
V50	2.0	5.0	7
	2.0	**5.5**	**8**
	2.0	6.0	7
	2.5	5.0	6
	2 5	5 5	6
	2.5	6.0	5
	3.0	5.0	8
	3.0	5.5	6
	3.0	6.0	6

结果表明，6 种机型获得最大风场漩涡直径时的飞行速度、飞行高度是不同的，其中 P80、P100、T30 3 种机型最大风场漩涡直径、飞行速度和高度分别为 9 m、6.5 m/s、3.0 m，T40 机型的为 8 m、6.5 m/s、3.0 m，V50 机型的为 8 m、5.5 m/s、2.0 m，T20

机型的为 7 m、5.5 m/s、2.0 m。由此，可以确定不同机型农用无人飞机授粉作业的适宜飞行技术参数及作业效率（表 24）。

表 24　不同机型农用无人飞机辅助授粉作业的适宜飞行技术参数

机型	飞行高度（m）	飞行速度（m/s）	飞行幅宽（m）	作业效率（亩/d）
P20、P30、V50 T20、T16（负荷 15 L）	1.5～2.0	5.0～5.5	7～8	60～80
T30、T40 P80、P100（负荷 40 L）	2.5～3.0	6.0～6.5	9～10	100～120

由表 24 可知，在适宜飞行技术参数下，P20、P30、T16、T20 等载荷 15 L 左右的农用无人飞机每架每天可授粉作业面积为 60～80 亩，P80、P100、T30、T40 等载荷 40 L 的农用无人飞机每架每天能完成制种授粉作业面积为 100～120 亩。实际作业效率的高低还与作业航线的远近、调头的次数有关；如航线距离远、调头次数少，则作业效率高；反之，航线距离近、调头次数多，则作业效率低。因此，应尽可能规划远距离的航线作业。

（二）农用无人飞机辅助授粉作业航线规划

航线是指农用无人飞机作业时飞行的方向。2018 年以前，主要利用单旋翼农用无人飞机辅助授粉，作业航线在父本厢上空平行飞行，利用人工手动遥控将风场漩涡保持在父本厢正中间。但在农用无人飞机全自主飞行作业时因自然风的影响，导致无人飞机风场漩涡发生飘移（图 17），从而

图 17　受自然风影响发生飘移的风场漩涡

影响授粉效果。因此，2020—2022 年，在研究多旋翼农用无人飞机辅助制种授粉效果的基础上，研究了农用无人飞机平行和垂直父本行向飞行的授粉效果（表 25）。

表 25 农用无人飞机不同飞行航线、幅宽下授粉作业的效果（2021，江苏大丰）

行比		飞行航线	飞行幅宽（m）	结实率（%）	产量（kg/亩）
小行比（对照组）	1∶8	平行	10	29.2	173.9
中行比	2∶16	垂直	6	30.7	185.8
			8	31.1	160.5
			10	24.4	165.7
		平行	6	28.0	159.6
			8	26.3	162.7
			10	29.6	164.1
	2∶18	垂直	6	29.0	172.5
			8	31.3	163.7
			10	26.2	167.9
		平行	6	23.8	174.8
			8	23.3	152.5
			10	24.7	141.0
大行比	6∶32	垂直	6	38.4	177.0
		平行	10	35.9	160.3

分析表 25 可知，在父母本中行比、大行比等多种种植模式下，平行父本行和垂直父本行两种飞行航线的授粉效果良好且差异不明显，说明农用无人飞机辅助制种授粉适应各种父母本行比。为提高授粉作业的效果和效率，建议当父母本大行比种植时，农用无人飞机飞行航线宜在父本厢正上方平行飞行；如授粉时遇自然风，则应适当调整飞行航线，与父本厢方向保持一定角度，使风场漩涡落在父本厢的正中间。当父母本采用中行比种植时，飞行航线宜采用垂直父本行（厢）飞行模式。

三、不同类型制种组合采用农用无人飞机辅助授粉的效果

杂交水稻制种喷施赤霉素后，根据父母本的的穗层高度差，父母本异交态势可分成 3 种类型：Ⅰ型为父本穗层比母本高 30 cm 以上，Ⅱ型为父本穗层比母本高 10～20 cm，Ⅲ型为父母本穗层等高。人工辅助授粉要求父本穗层比母本高出 10～30 cm 效果较好。为研究父母本穗层高度差对农用无人飞机辅助授粉效果的影响，2014 年 4—5 月，著者带领团队在海南三亚对 3 种类型的制种组合进行单旋翼电动农用无人飞机授粉试验，父母本的行比为 6∶40；每个制种组合均以父母本小行比种植人工授粉方式作对照，授粉期在 4 月 28 日—5 月 9 日；授粉期间风速小，以晴好天气为主；授粉时，人眼可见花粉雾飞扬。3 种制种组合采用农用无人飞机授粉与人工辅助授粉的结实率与产量见表 26。

表 26　3 种类型制种组合农用无人飞机授粉结果（2014．海南三亚）

制种组合类型	制种组合	授粉方式	结实率（%）	产量（kg/亩）
Ⅰ型	深 08S×R1813	无人飞机授粉	53.9	182.1
		人工授粉	45.0	173.0
	33S×R1813	无人飞机授粉	51.7	223.4
		人工授粉	45.1	219.2
Ⅱ型	Y58S×R1813	无人飞机授粉	33.0	147.8
		人工授粉	29.4	132.4
	广占 63S×R1813	无人飞机授粉	42.4	187.3
		人工授粉	36.1	167.0
Ⅲ型	隆科 638S×R534	无人飞机授粉	44.5	216.5
		人工授粉	45.9	224.3

分析表26结果可知，父本穗层比母本高的Ⅰ型、Ⅱ型制种组合使用农用无人飞机授粉的结实率和制种产量，明显高于人工授粉方式；父母本等高的Ⅲ型制种组合使用无人飞机授粉的结实率及制种产量，与人工授粉方式差异不明显。说明农用无人飞机授粉适合不同父母本异交态势类型的制种组合。

四、农用无人飞机授粉母本厢中花粉密度分布与结实率

为考察在父母本大行比条件下农用无人飞机授粉的花粉传播距离和密度分布，2012年，著者带领团队在湖南君山对1892S×R1128制种组合，设计6∶40和8∶50两种大行比，采用单旋翼农用无人飞机授粉，在母本厢均匀设置9个位点检测花粉密度和考查结实率（图18、图19）。图18、图19中1～9为依自然风风向排列序次，下同。

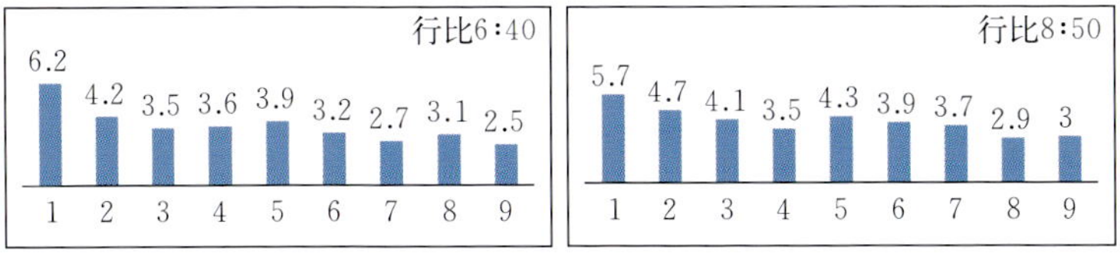

图18 单旋翼农用无人飞机授粉母本厢花粉密度分布柱形图

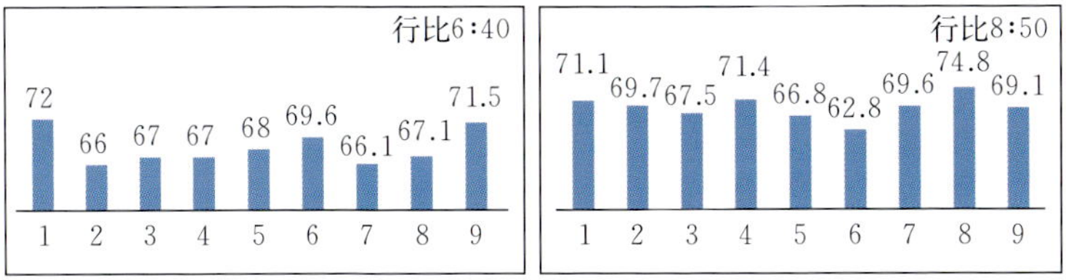

图19 单旋翼农用无人飞机授粉母本厢结实率分布柱形图

从图18可知，两个行比的母本厢的花粉密度分布基本一致，依自然风向从上风向向下风向逐步降低，每个位点的花粉密度均

可达到3个/视野以上。图19的结实率分布表现与图18的不一，与花粉密度的高低相关性小；9个位点的结实率有差异，采用6∶4行比的位点间差异达6个百分点，采用8∶50行比的位点间差异达12个百分点，但各位点间差异并不显著；说明在一定行比和厢宽范围内，辅助授粉结实率的高低与离父本远近及风向的相关性小。

2014—2015年，著者带领团队在湖南武冈试验基地对隆科638S×R1813制种组合不同行比母本厢的结实率（图20、图21）与图19有相同的表现，各位点的结实率差异不显著；进一步说明在一定行比和厢宽范围内，母本结实率的高低与离父本的远近相关性小。

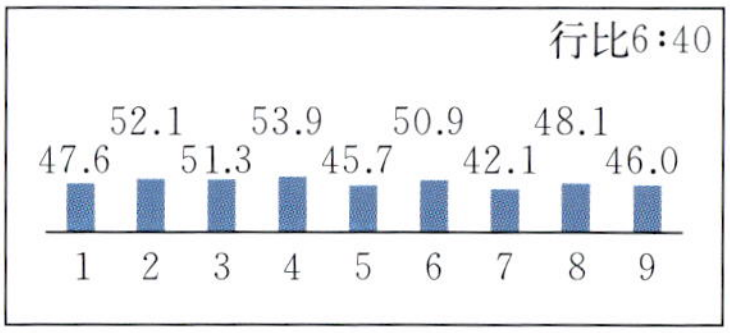

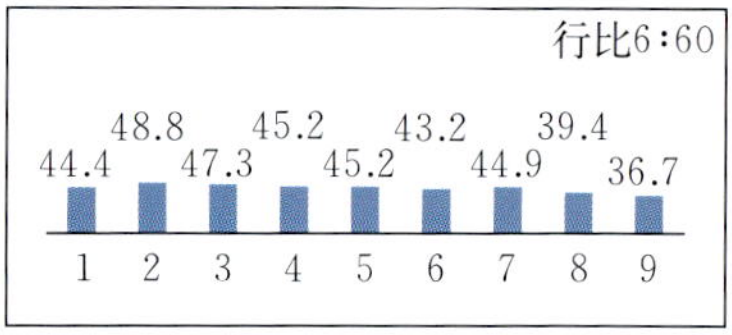

图20 电动单旋翼农用无人飞机授粉不同行比母本厢结实率分布图

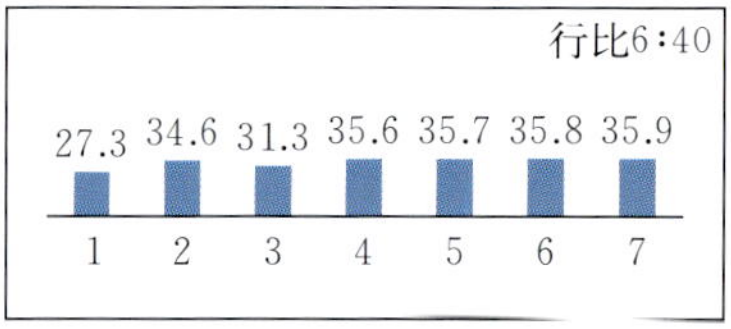

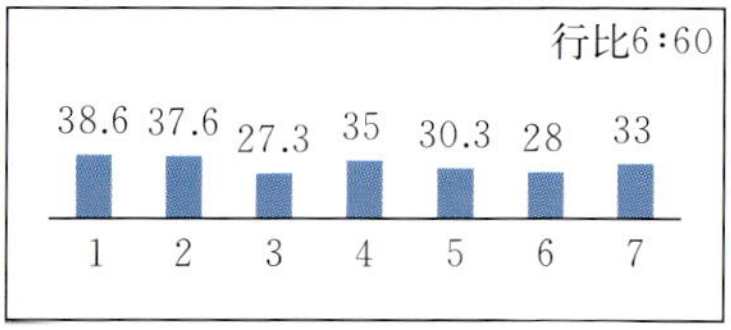

图21 油动单旋翼农用无人飞机授粉不同行比母本厢结实率分布图

五、采用农用无人飞机辅助授粉的父母本行比与群体结构

多年的试验结果表明，在不同父母本行比下，因旋翼产生的风力大，采用单旋翼、四旋翼、六旋翼农用无人飞机辅助授粉，

均能将父本花粉传播得更远；飞行航线采用平行父本行和垂直父本行向飞行，均能获得较高的母本结实率和制种产量；且均与传统的父母本小行比（1～2）∶（8～16）人工辅助授粉的结实率与产量相当。因此，杂交水稻制种完全可以采用农用无人飞机辅助授粉，且可以大幅扩大父母本相间种植的行比。根据对不同父母本行比的基本群体构成和父本占地比（表27）的分析可知，以父母本行比4∶20、6∶30、8∶40配置，父本占地比较高，不利于制种获得高产；以父母本行比6∶60、8∶（60～80）配置，母本厢宽度大于10 m，超出多数农用无人飞机的风场宽度，影响农用无人飞机飞行作业的效果。因此，农用无人飞机授粉可选2种行比，即中行比：父母本行比2∶（14～16）；大行比：父母本行比4∶（24～28），或6∶（35～40）。按上述父母本行比机插秧，父本基本群体可以达到1 800穴/亩以上，母本基本群体可以达到18 500穴/亩以上。

表27 不同父母本行比的基本群体构成和父本占地比

行比处理	厢宽（cm）	亩穴数（穴）		占地宽度（cm）		父本占地比（%）	授粉方法
		父本	母本	父本	母本		
4∶20	492	2 460	19 400	132	360	26.8	农用无人飞机授粉
4∶30	672	1 800	21 200	132	540	19.6	
6∶30	732	2 730	19 520	192	540	26.2	
6∶40	912	2 190	20 890	192	720	21.0	
6∶50	1 092	1 830	21 800	192	900	17.5	
6∶60	1 272	1 572	22 460	192	1 080	15.1	
8∶40	972	2 490	19 571	252	720	25.9	
8∶50	1 152	2 104	20 667	252	900	21.8	
8∶60	1 332	2 002	21 450	252	1 080	18.9	
8∶70	1 512	1 760	22 050	252	1 260	16.7	
8∶80	1 692	1 576	22 520	252	1 440	14.8	

（续）

行比处理	厢宽（cm）	亩穴数（穴）		占地宽度（cm）		父本占地比（%）	授粉方法
		父本	母本	父本	母本		
1：10	222	1 500	21 450	42	180	18.9	人工辅助授粉
2：12	286	2 330	19 980	70	216	24.5	

注：农用无人飞机授粉的父本种植密度为 22 cm×30 cm，母本机插密度为 14 cm×18 cm，父母本间距 30 cm。人工绳索授粉的父本种植密度：双行父本行距为 20 cm，父母本行距为 30 cm，株距为 25 cm；母本种植密度为 16 cm×20 cm。

具体选择何种行比更适宜，则根据制种基地的地形地貌、田块大小和形状情况来确定。例如，在平原区，地势平坦、田块较大，则选大行比；在丘陵山区，地势不太平坦、田块较小、形状不规则，则选中行比。最后，根据插秧机的插秧行数、父本分蘖力、成穗率、花粉量及母本异交能力等确定父母本具体行比与行数。

第五节 杂交水稻种子机械干燥技术研究

我国杂交水稻种子干燥大多采用自然晾晒方式，易受到场地和气候因素的影响，很难做到及时收割和干燥，导致穗萌、穗芽和种子劣变，使种了质量不达标，给制种农户及种子企业造成重大损失。随着杂交水稻制种规模化、机械化的发展，要在短时间内收获大批量的杂交种子，须借助机械进行及时干燥。

杂交水稻种子有别于常规水稻种子的主要表现为：①种子易穗萌、穗芽（图 22），需及时收获。②水分含量高。为保证杂交水稻种子的高活力，要求在母本结实的种子 85%左右变黄时及时收割，刚收割脱粒的种子（图 23）含水量一般在 30%以上，如不及时干燥，易导致种子萌动发热、胚乳粉质化和发霉，短期内便失去种用价值。③种子裂颖粒率较高（图 24）。杂交水稻制种过程中，母本颖花长时间张开有助于获取父本的花粉；然而，长时间的开颖会导致浆片老化，接受父本花粉后颖壳的闭颖能力降低，甚至不能闭合。裂颖粒在开花结实期易受病害侵染，在成熟期吸湿能力强，易引起穗发芽；在循环模式烘干过程中，种子谷壳易脱落而产生破损粒；在收获后及储存期易发生种子劣变（图 25）。④种子净度差。因杂交水稻制种母本异交结实率一般在 30%～50%，收割机收割脱粒的种子中含有较多的空秕粒、毛草、秸秆和病粒（黑粉病、稻曲病）等杂质，容易造成干燥机械堵塞。因此，迫切需要针对杂交水稻种子本身的特点探索其安全、快速、高效的机械干燥技术。

图 22　杂交种子穗上发芽

图 23　刚机收脱粒的杂交种子

图 24　裂颖的杂交种子

图 25　劣变的杂交种子米粒

一、不同类型干燥机的烘干原理与特点

目前，我国杂交水稻种子烘干可选用的谷物干燥机主要有横

流循环立式干燥机、混流循环立式干燥机、静态卧式干燥机（含改进烤烟房）、混流静态房式干燥机 4 种机型。不同类型谷物干燥机的烘干性能有较大差异。

（一）横流循环立式干燥机

1. 烘干原理

横流循环立式干燥机分烘干层和缓苏层，烘干层两侧为进出风道；通过提升机使种子反复进行循环流动；当种子经过烘干层时，热风由热风道横向穿过谷物层并带走水分进行干燥（图 26）。

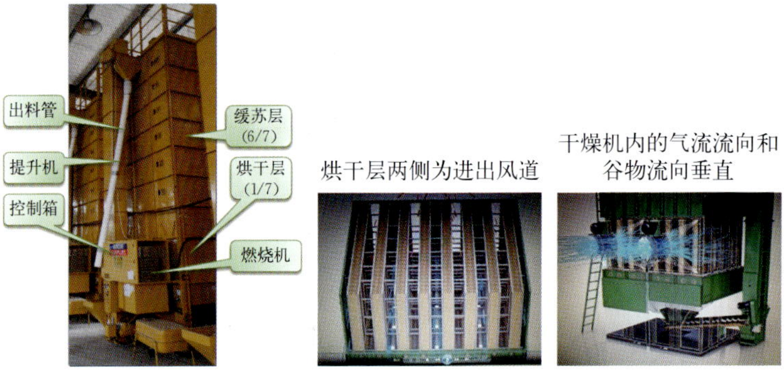

图 26　横流循环立式干燥机

2. 水分与种温变化规律

对横流循环立式干燥机烘干种子过程中的水分和种温变化观测结果见图 27。种子水分随着烘干时间的增加逐步下降，种温则随着烘干时间的增加逐步升高。烘干前期种温低，在 30 ℃左右；烘干中期种温在 35 ℃左右；烘干后期逐步接近风温。但种温升高速度相当慢，需要 30 h 后才能升至35 ℃以上。

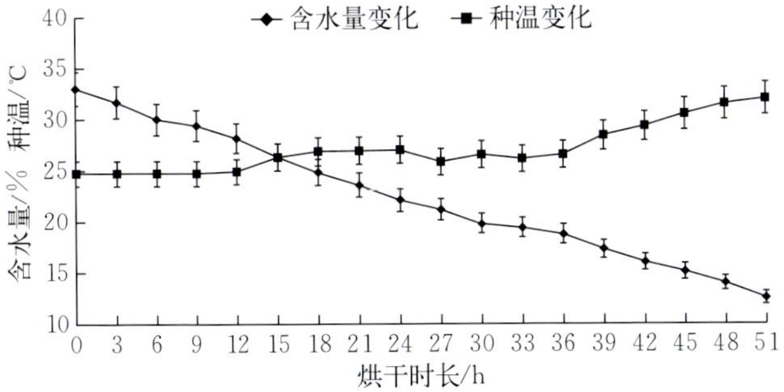

图 27 横流循环立式干燥机烘干种子的水分与种温变化曲线

（二）混流循环立式干燥机

1. 烘干原理

混流循环立式干燥机分烘干层和缓苏层；烘干层布满了一排排用于进气和排气的角状盒，谷物在重力作用下按S形曲线向下流动；受到气流的作用，热风穿过一定厚度的料层，流向周围的角状盒，变成废气，再从角状盒排出机外并带走水分进行干燥。干燥机内的气流流向和谷物流向是一种混合流动的过程，故称混流干燥机（图 28）。

2. 水分与种温变化规律

对混流循环立式干燥机烘干种子过程中的水分和种温变化观测结果见图 29。种子水分随着烘干时间的延长逐步降低，而种温则逐步升高。烘干前期种温低，在 30 ℃左右；烘干中期种温在 35 ℃左右；烘干后期逐步接近风温。该干燥机使用燃煤热风炉时，风温稳定性差。

3. 横流循环立式干燥机和混流循环立式干燥机的特点

① 采用 60～80 ℃高温热风烘干，烘干谷物爆腰率高，稻谷整精米率低；若采用低温（40～50 ℃）烘干，则烘干脱水速

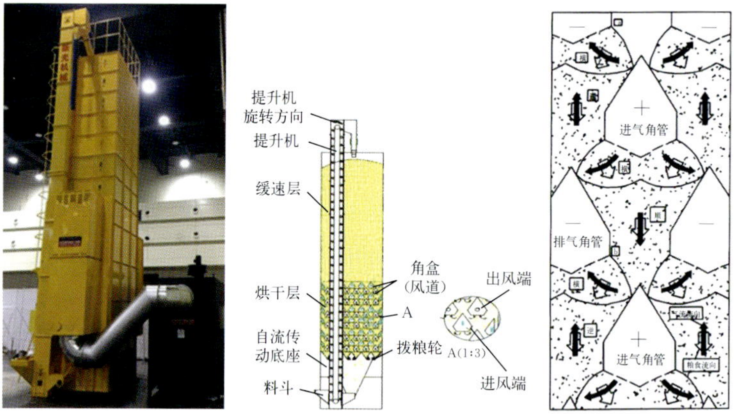

图 28　混流循环立式干燥机

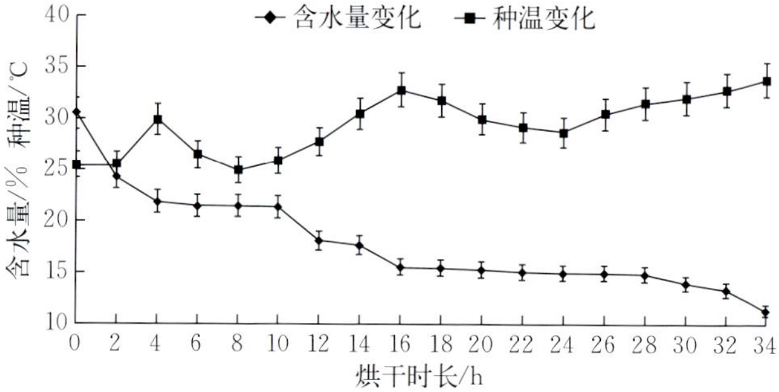

图 29　混流循环立式干燥机烘干种子的水分与种温变化曲线

率低。

② 循环间歇式烘干，谷物始终通过提升机和搅龙循环，谷物破损率高；分烘干层和缓苏层，热风烘干时长约占总时长的 1/5，缓苏时长约占总时长的 4/5，烘干周期长。

③ 热风不能循环利用。

④ 通过直接燃烧燃料（柴油、生物质颗粒等）加热空气，来烘干谷物；热风温度不稳定，变幅±5 ℃，为浪涌温度；烘干油菜籽易起火，不能烘干豆类。

⑤ 烘干后期灰尘多。

（三）静态卧式干燥机

1. 烘干原理

在静态卧式干燥机中，种子始终处于静止状态，热风自下而上或自上而下垂直穿过种子层并带走水分（图 30）。

静态卧式干燥机

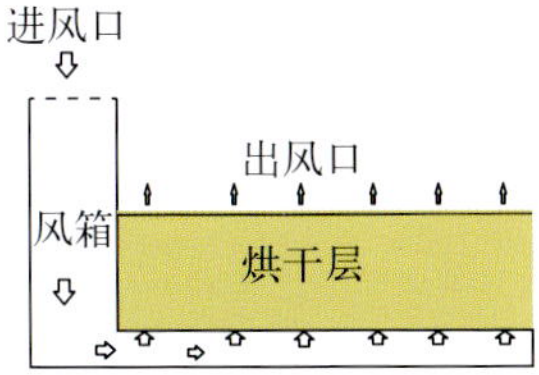

静态卧式干燥机原理图

图 30　静态卧式干燥机

2. 水分和种温变化规律

对静态卧式干燥机烘干种子的水分和种温变化进行观测；结果如图 31、图 32 所示。在烘干过程中，干燥厢上、中、下 3 层种子水分变化有差异；烘干中期的水分差异最大，下层和上层间差异达 15 个百分点；接近烘干完成时，差异逐步缩小；到烘干结束时，下层和上层间种子水分的差异仍有 2～3 个百分点。

图 32 表明，在烘干过程中，干燥厢上、中、下 3 层种温的变化也有差异，下层升温快、上层升温慢；烘干前 10 h 差异大（最大差 10 ℃），10 h 后差异逐步缩小，临近烘干完成时上、中、下层间种温接近一致。

3. 静态卧式干燥机的特点

① 静态持续式烘干，脱水速率较高，种子无破损。

② 结构相对简单，操作和维护都比较容易。

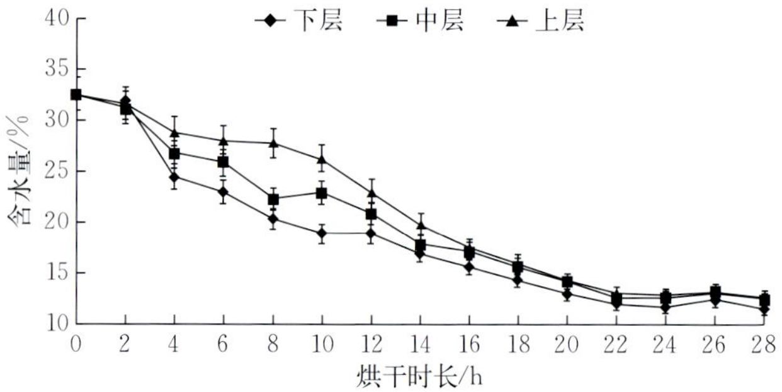

图 31　静态卧式干燥机烘干种子的水分变化曲线

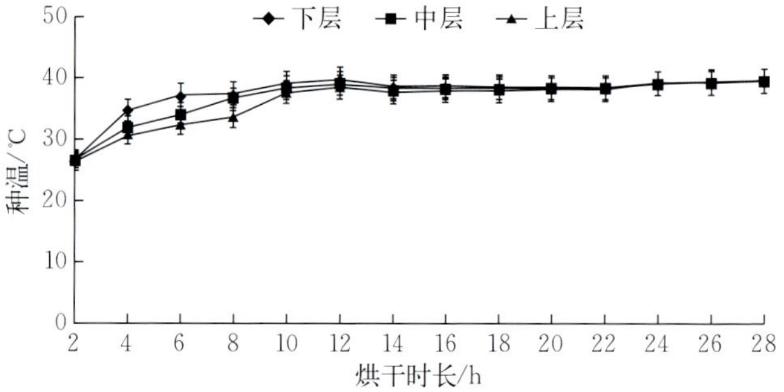

图 32　静态卧式干燥机烘干种子的种温变化曲线

③ 烘干脱水上下层速度不一致，下层快、上层慢。

④ 需要人工进出料，操作不便、用工多。

⑤ 热风不能循环利用，能耗较高。

（四）混流静态房式干燥机

混流静态房式干燥机是一款将静态持续与混流通风融为一体的新型干燥机，其结构见图 33。

1. 烘干原理

经热交换器加热的空气由风机抽入风箱，压入烘干房的进风

干燥机外观　烘干房正面　烘干房侧面

图 33　混流静态房式干燥机

层的多个角盒风管，多方向穿过谷物，并加热谷物，带走水分；穿过谷物的湿热空气排入出风层的多个角盒风管，进入风道；进入风道的湿热空气再经热交换器加热除湿后，再次由风机抽入风箱，如此反复循环。同时，通过风道顶部的排潮风机将部分湿热空气排出干燥箱，通过风道底部的单向进风百叶窗补充外部空气。烘干过程中谷物通过间歇循环，达到均匀烘干的目的（图 34）。

2. 水分和种温变化规律

对混流静态房式干燥机干燥种子的水分变化进行观测，结果如图 35 所示。图 35 表明，种子前期脱水慢，中期脱水快；干燥箱上、中、下层脱水速率有差异，需要谷物循环系统间歇循环来解决，使烘干脱水均匀。

混流静态房式干燥机烘干种子的温度变化规律（图 36）表明，种子升温快，烘干箱上、中、下 3 层种温变化有差异；上层与中层差异小，下层种温比上、中层低 2～8 ℃；前中期 3 层差异大，烘干 4 h 后种温均达到 40 ℃以上，以后保持在 45 ℃左右。

因混流静态房式干燥机的热风是循环利用的，对干燥机进风口、出风口温度和相对湿度（图 37）变化进行了测定。由图 36 可知，出风口温度始终低于进风口温度，低约 20 ℃，且在烘干

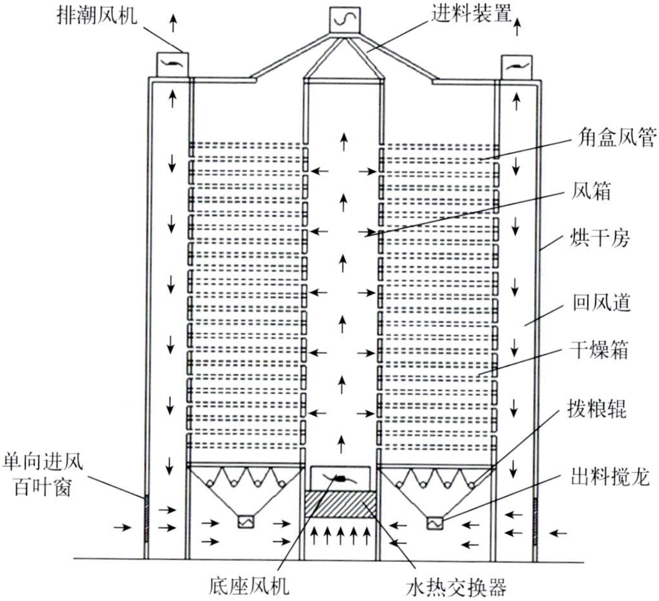

图 34　混流静态房式干燥机热风循环示意图

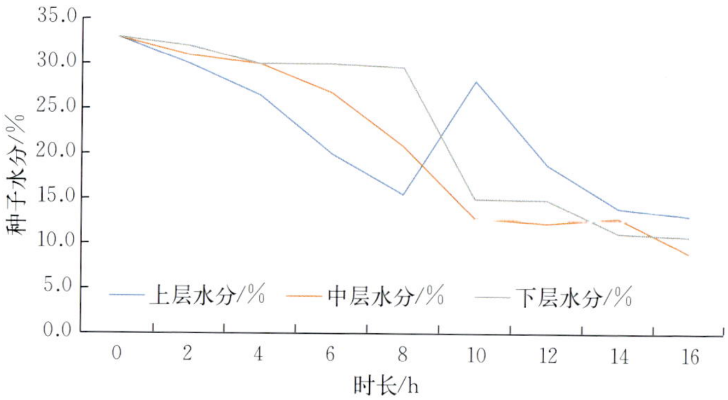

图 35　混流静态房式干燥机种子的水分变化曲线

中期差异变大。从图 37 来看，出风口的湿度始终高于进风口，说明虽然在烘干过程中热风带走了种子的水分，但出风口的高湿热风通过热风炉加温后降低了相对湿度；干燥开始后3 h左右和结束前 2～3 h，二者的差异较小，差异约 10～15 个百分点；中间的差异大，差异最大时达 30 个百分点左右。

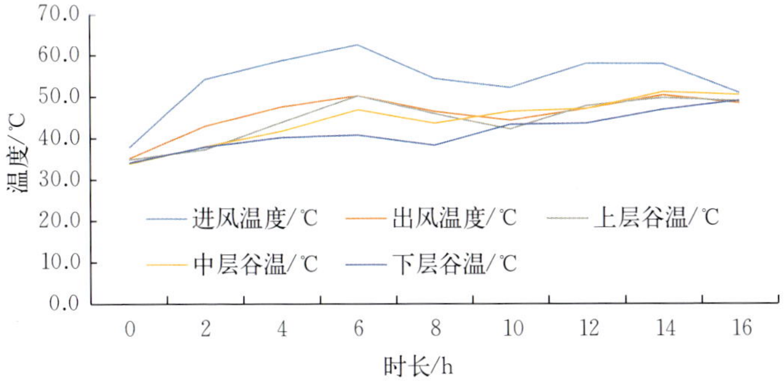

图 36　混流静态房式干燥机烘干种子的种温变化曲线

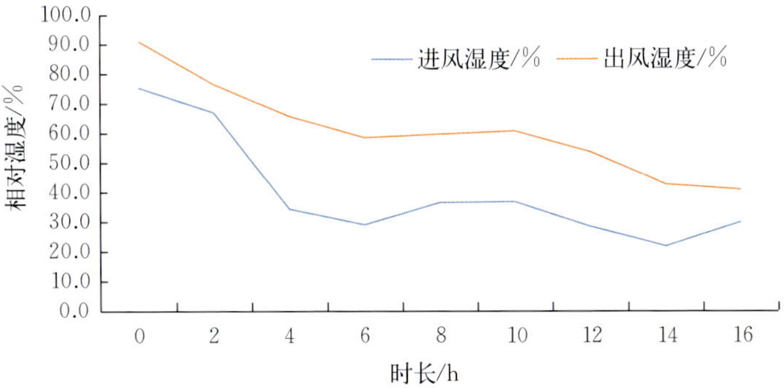

图 37　混流静态房式干燥机进风口、出风口相对湿度变化曲线

3. 混流静态房式谷物干燥机的特点

① 静态持续干燥，提高烘干效率，减少谷物机械损伤。

② 房式保温控湿，实现谷物内外部同步脱水，降低爆腰率和热损伤。

③ 热风循环回收，提高热能利用率。

④ 间歇循环，确保烘干均匀度。

综上所述，我国目前常用的谷物干燥机，普遍存在高温干燥爆腰率高、低温干燥脱水速率低、循环干燥破损率高、灰尘多、余热未循环利用、热能利用率低等问题；此外，当前谷物机械化烘干的各类方法和设备均难以实现水分内部扩散与表面蒸发一致、同步脱水的目的；或需额外增设缓苏段，从而增加了烘干周期。混流静态房式谷物干燥机将持续烘干与混流间歇循环融为一体，通过房式保温控湿实现谷物内外部同步脱水，降低了爆腰率和热损伤；薄层、大风量烘干提高了烘干效率和均匀度；静态持续干燥减少了谷物机械损伤；热风循环回收提高了热能利用率，是目前较为理想的种子干燥机机型。

二、不同类型干燥机烘干杂交水稻种子的适宜风温测试

（一）横流循环立式干燥机不同风温烘干杂交水稻种子的效果

2015 年，著者带领团队在湖南武冈制种基地，使用横流循环立式干燥机测试适宜风温。试验设计了 3 个恒温、4 个变温烘干处理，烘干的杂交水稻种子为隆两优 1813，在烘干过程中测试水分变化和取样检验种子的活力，结果见表 28。

表 28　横流循环立式干燥机不同烘干温度烘干种子的效果与效率

处理		烘干效率		烘干效果		
		水分变化（%）	脱水速率（%/h）	发芽势（%）	发芽率（%）	活力指数
恒温烘干	40 ℃	30.5→11.2	0.25	63.7	85.8	202.10
	45 ℃	26.5→11.0	0.27	57.5	80.5	163.12
	50 ℃	26.0→12.3	0.36	54.0	80.0	164.1

（续）

处理		烘干效率		烘干效果		
		水分变化（%）	脱水速率（%/h）	发芽势（%）	发芽率（%）	活力指数
变温烘干	12 h 35 ℃+52 h 40 ℃	30.5→11.5	0.30	55.8	88.2	197.1
	15 h 35 ℃+53 h 40 ℃	30.5→11.4	0.28	56.3	85.3	201.5
	12 h 40 ℃+38 h 45 ℃	32.0→11.5	0.41	58.0	86.8	220.1
	15 h 40 ℃+39 h 45 ℃	32.0→11.4	0.38	56.0	87.5	215.6
晾晒（对照）				72.5	82.0	196.2

注：脱水速率为种子烘干的起始水分减去烘干完成时的水分，再除以烘干时间，即种子烘干过程中每小时种子失水的百分点；单位为%/h。

由表 28 可知，在 3 种恒温烘干处理下，随着烘干温度的升高，种子脱水速率提高；40 ℃恒温烘干处理的种子发芽势、发芽率和活力指数明显高于 45 ℃、50 ℃；4 个变温烘干处理下种子间的发芽率和活力无显著差异，但采用 12 h 40 ℃+38 h 45 ℃变温烘干处理比40 ℃恒温烘干处理的种子脱水速率高 0.16，而种子发芽率和活力指数无明显差异。说明横流循环立式干燥机可采用变温烘干模式，在 40 ℃烘干 12 h 后种子水分降低到 20%以下；再提高热风温度至45 ℃，在保证种子发芽率的前提下可以提高脱水速率。

（二）混流循环立式干燥机不同烘干温度对杂交水稻种子发芽率的影响

引进空气能热泵机为改进型混流循环立式干燥机供热，设计不同的烘干温度处理，来测定烘干时种子脱水速率和发芽率，结果见表 29。

表 29 表明，在不同烘干温度处理下，烘干种子的发芽率与

晾晒种子无明显差异，保持了该品种种子的发芽能力；但烘干时脱水速率有差异，在 2019 年绥宁的试验中，脱水速率达到了 0.92%/h。说明采用混流循环立式干燥机时，通过空气能热泵机提供适温（45 ℃）低湿（10%～12%）的热风烘干种子可大幅提高烘干脱水速率。

表 29　改进型混流循环立式干燥机不同烘干温度对种子发芽率的影响

年份地点	品种	烘干温度	脱水速率（%/h）	发芽率（%）	
				烘干	晾晒
2019 乐东	隆两优 618	45 ℃	0.43	92.0	93.0
	隆晶 4302A	8 h 50 ℃＋14 h 45 ℃＋6 h 50 ℃	0.64	95.0	96.0
	隆晶 4302A	10 h 50 ℃＋14 h 45 ℃＋10 h 48 ℃	0.64	92.0	96.0
	玖两优黄莉占	22 h 45 ℃＋8 h 50 ℃	0.53	90.0	89.0
2019 绥宁	晶两优 534	热泵机出口风温 60 ℃、湿度 10%～12%，干燥机进风温度 45 ℃	0.92	84.0	86.0

（三）静态卧式干燥机不同烘干温度对杂交水稻种子发芽率的影响

2019 年 5—6 月，著者带领团队在海南东方制种基地烘干现场的烘干过程中发现，不同干燥机在设置不同的烘干温度时，种子的发芽率存在差异。随即对不同烘干温度烘干的种子进行取样，检测样品种子的发芽率，结果见表 30。

分析表 30 可知，不同品种对烘干温度的反应有差异，隆晶优华占、野香优丝苗在采用 48 ℃、50 ℃烘干时，仍可保持 95% 的高发芽率，领优华占在采用 45 ℃烘干时，发芽率只有 78.5%～86%；隆晶优华占在采用 45 ℃、16 h 45 ℃＋6h 50 ℃烘干时，发芽率均能达到 91%。

表 30 静态卧式干燥机不同烘干温度对种子发芽率的影响

品种	批次	烘干温度	发芽势（%）	发芽率（%）
隆 8 优华占	1	16 h 45 ℃+6 h 50 ℃	86.0	91.0
	2	45 ℃	88.0	91.0
领优华占	1	45 ℃	75.0	82.0
	2	45 ℃	67.0	86.0
	3	45 ℃	67.0	78.5
隆晶优华占	1	48 ℃	93.0	95.0
野香优丝苗	1	50 ℃	96.0	96.0

（四）混流静态房式干燥机不同烘干温度对杂交水稻种子发芽率的影响

混流静态房式干燥机是一种将混流循环烘干和静态持续烘干相结合的新型干燥机，其烘干原理不同于现有的其他烘干机械。该机采用保温控湿的烘干原理，让种子从内到外同步干燥脱水，具有安全、快速、低破损、低成本和灰尘污染少等优点。从 2018 年 9 月在江苏大丰试用结果，以及 2019 年海南东方、湖南绥宁的杂交水稻种子烘干测试结果来看，在进风温度达到 45～60 ℃、平均风温在 55 ℃左右时，种温保持在 45 ℃左右，脱水速率达到了 1.0 左右，而种子发芽率仍可保持与晾晒相当的水平（表 31）。

上述试验结果表明，4 类谷物干燥机烘干杂交水稻种子的适宜温存在差异：横流循环立式干燥机为 40 ℃，静态卧式干燥机为 (40±2)℃，混流循环立式干燥机为 45 ℃，混流静态房式干燥机为 (53±2)℃。但不同母本系品种的杂交种子烘干温度有差异，如晶两优系列种子在 55 ℃的烘干温度下仍能保持较高的发芽率，而 Y 两优系列种子在 45 ℃的烘干温度下发芽率大幅降低。

表 31　混流静态房式干燥机不同烘干温度对种子发芽率的影响

年份、地点	品种	平均烘干温度与变幅	脱水速率（%/h）	发芽率（%）	
				烘干	晾晒
2018 大丰	荃优 967	46.8 ℃（45～48 ℃）	0.82	89.2	88.0
2019 东方	Y 两优 1 928	56.2 ℃（50～63 ℃）	0.84	93.0	86.0
	隆两优 56	55.6 ℃（47～62 ℃）	1.16	82.3	86.0
2019 绥宁	晶两优 534	58.3 ℃（41～65 ℃）	1.09	92.0	96.0
	晶两优 534	53.4 ℃（38～62 ℃）	0.96	93.0	95.0

三、不同类型干燥机烘干杂交水稻种子的技术参数

（一）4 类干燥机烘干多批次杂交水稻种子的效果和效率

对 4 类谷物干燥机烘干多批次杂交水稻种子的效果进行了测试（表 32），结果表明：

① 适宜温度下各型干燥机烘干杂交水稻种子的发芽率与自然晾晒没有明显差异，均达到 85%以上，部分超过 90%。说明各型干燥机均可烘干杂交水稻种子。

② 各型干燥机的平均干燥脱水速率差异较大，由快到慢依次为混流静态房式干燥机为（0.9±0.2）%/h，静态卧式干燥机为（0.8 ± 0.05）%/h，混流循环立式干燥机为（0.55 ± 0.05）%/h，横流循环立式干燥机为（0.3±0.05）%/h。

③ 同一种干燥机烘干不同母本系杂交品种种子的脱水速率有差异，如晶两优系列品种的脱水速率低，而 Y 两优、梦两优系列杂交品种的脱水速率高，品种间差异可达 0.2%/h。

表 32　4 类干燥机烘干杂交水稻种子的效果和效率

机型	年份产地	品种	数量(t)	发芽率(%)		干燥效率		
				机械干燥	晾晒	水分变化(%)	时间(h)	脱水速率(%/h)
横流循环立式干燥机	2015 绥宁	Y 两优 1128	6.6	85.1	84.7	30.0～12.1	58.5	0.31
		玖两优黄华占	8.1	87.0	86.0	30.0～12.2	53.5	0.33
		湘两优 1 号	7.1	90.0	91.5	29.5～12.5	64.5	0.26
	2017 绥宁	晶两优 534	6.6	92.0	94.0	28.1～12.4	68.0	0.23
		广两优 1128	6.0	88.0	87.0	30.0～12.5	57.0	0.30
静态卧式干燥机	2015 洪江	Y 两优 1128	2.9	88.0	87.0	30.5～11.7	22.5	0.83
		晶两优华占	3.4	91.0	90.0	29.5～11.5	23.0	0.78
	2017 武冈	晶两优 534	3.5	87.0	94.0	27.0～11.0	24.0	0.67
		隆香优华占	3.1	89.0	91.0	32.6～11.2	28.0	0.76
混流循环立式干燥机	2017 绥宁	广两优 1128	8.5	88.0	88.0	30.5～12.4	34.0	0.53
		科两优 889	6.0	86.0	85.0	30.2～12.2	29.0	0.62
混流静态房式干燥机	2019 东方	Y 两优 1928	6.75	93.0	86.0	32.0～10.9	25.0	0.84
		隆两优 56	6.8	82.3	86.0	32.0～11.0	18.0	1.16
	2019 绥宁	晶两优 534	5.6	92.0	96.0	32.0～12.4	18.0	1.09
		晶两优 534	5.6	93.0	95.0	33.0～11.0	23.0	0.96

注：烘干温度的设置，横流循环立式干燥机为 40～42 ℃，静态卧式干燥机为 40 ℃，混流循环立式干燥机为 45 ℃，混流静态房式干燥机为 (55±2)℃。

（二）4 类谷物干燥机主要烘干技术参数

根据对 4 类干燥机烘干杂交水稻种子的效果和效率的分析，获得其主要烘干技术参数指标（表 33）。

分析表 33 可知，4 类谷物干燥机在适宜烘干温度、脱水速率、烘干成本等主要烘干技术参数上均有较大差异。其中，因横流循环立式干燥机脱水速率低、烘干成本高、种子破损率高，不宜用于杂交水稻种子的机械干燥。

表 33　4 类谷物干燥机主要烘干技术参数

项目	横流循环立式干燥机	混流循环立式干燥机	静态卧式干燥机	混流静态房式干燥机
烘干数量（t）	3.0～8.0	5.0～10.0	1.5～3.5	2.5～7.5
烘干时间（h）	55±5	35±5	22±2	20±2
烘干温度（℃）	40±2	45	40±2	53±2
种温达 40 ℃耗时（h）	35	25	8－10	4－5
脱水速率（%/h）	0.3±0.05	0.55±0.05	0.8±0.1	0.9±0.1
烘干成本（元/kg）	0.35～0.40	0.08～0.09	0.25～0.28	0.09±0.01
优点	风温稳定进出料方便	进出料方便破损较少	低破损灰尘少	低损/少灰进出料方便
缺点	破损多、灰多、成本高	灰尘多	进出料难，脱水不均匀	/

注：烘干成本指干燥机满负荷烘干过程中所使用的燃料（煤、生物质、柴油）和用电的合计费用除以烘干后种子的重量。

四、不同热源烘干杂交水稻种子的成本分析

目前，谷物干燥机的热源主要来自燃煤、柴油、生物质和电。对不同类型干燥机采用不同热源烘干杂交水稻种子的成本进行了测算分析。

（一）燃油热源烘干杂交水稻种子的成本

对燃油型干燥机烘干杂交水稻种子成本分析（表 34）可知，采用柴油作为烘干热源时，横流循环立式干燥机的直接烘干成本为（0.4±0.05）元/kg，综合成本为 0.021 元/(kg·%)；静态

卧式干燥机的直接烘干成本为 0.25～0.28 元/kg，综合成本为 0.014～0.015 元/(kg·%)。成本较高。

表 34 燃油型干燥机烘干杂交水稻种子成本分析

机型	品种	烘干数量(t)	水分变化(%)	燃油		耗电		直成成本(元/kg)	综合成本[元/(kg·%)]
				消耗量(L)	单价(元/kg)	消耗量(度)	单价(元/kg)		
横流循环立式干燥机(2015 绥宁)	陵两优 472	6.5	32.1～12	310	0.31	490	0.07	0.43	0.021
	Y 两优 1 号	5.3	30.8～12	220	0.31	420	0.08	0.39	0.021
	Y 两优 1 号	6.2	24.5～12	235	0.29	298	0.05	0.34	0.027
静态卧式干燥机(2015 洪江)	Y 两优 1128	2.9	30.5～11.7	99	0.248	107	0.033	0.28	0.015
	晶两优 534	3.2	31.5～12.0	103	0.234	112	0.035	0.27	0.014
	晶两优华占	3.4	29.5～11.5	101	0.215	109	0.029	0.25	0.014

注：柴油价按 7.25 元/L，电价按 0.9 元/度计算。综合成本为每千克种子每降低 1 个百分点水分所花费用。

（二）燃煤和生物质热源烘干杂交水稻种子的成本

对燃煤和生物质热源烘干杂交水稻种子成本分析（表 35）可知，以燃煤和生物质作为烘干热源时，混流循环立式干燥机和混流静态房式干燥机的直接烘干成本均为（0.09±0.015)元/kg，综合成本为 0.004 5～0.005 元/（kg·%），成本较低。

表 35 燃煤和生物质热源烘干杂交水稻种子成本分析

机型	品种	烘干数量(t)	水分变化(%)	燃煤或生物质		耗电		直接成本(元/kg)	综合成本[(元/(kg·%)]
				消耗量(kg)	单位(元/kg)	消耗量(度)	单价(元/kg)		
混流循环立式干燥机(燃煤)	广两优 1128 2017 绥宁	8.5	30.5～12.4	380	0.054	221	0.029	0.082	0.005
	科两优 889 2017 绥宁	6.0	30.2～12.2	320	0.064	188	0.028	0.092	0.005

（续）

机型	品种	烘干数量（t）	水分变化（%）	燃煤或生物质		耗电		直接成本（元/kg）	综合成本［(元/(kg·%)］
				消耗量（kg）	单位（元/kg）	消耗量（度）	单价（元/kg）		
混流静态房式干燥机（生物质）	Y两优1928 2019东方	6.75	32.0～10.9	350	0.052	376	0.050	0.102	0.004 8
	隆两优56 2019东方	6.8	32.0～11.0	300	0.044	282	0.037	0.081	0.003 9
	晶两优534 2019绥宁	6.8	32.0～12.4	300	0.052	282	0.037	0.089	0.004 5
	晶两优534 2019绥宁	6.8	33.0～11.0	380	0.056	348	0.050	0.106	0.004 8

注：燃煤单价按1 200元/t，生物质单价按1 000元/t、电价按0.9元/度计算。

（三）空气能热泵烘干杂交水稻种子的成本

对空气能热泵烘干杂交水稻种子成本分析（表36）可知，以空气能热泵机供热时，改进型混流循环立式干燥机的直接烘干成本为0.1～0.13元/kg，综合成本为0.006元/(kg·%)，比燃煤和生物质热源的略高。可能是热泵机的功率与干燥机所需热能的匹配问题。

表36　空气能热泵烘干杂交水稻种子成本分析

机型	品种	烘干数量（t）	水分变化（%）	热泵机用电度		干燥机用电		直接成本（元/kg）	综合成本［元/(kg·%)］
				消耗量（度）	单位（元/kg）	消耗量（度）	单位（元/kg）		
改进型混流循环立式干燥机	隆两优1206 2018乐东	6.5	28.0～11.8	490	0.067	273	0.037	0.10	0.006 4
	隆晶4302A 2019乐东	6.2	34.0～12.5	635	0.092	294	0.042	0.13	0.006 2

注：电价按0.9元/度计算。

以上结果表明，不同类型干燥机采用不同热源烘干杂交水稻种子，直接成本的高低主要取决热源燃料，以柴油为燃料的烘干成本最高，以电为热源的空气能热泵机的烘干成本次之，以生物质燃料和燃煤为燃料的烘干成本最低。考虑燃煤对环境的污染，宜选生物质燃料；但生物质和燃煤均需人工添料，风温稳定性差，使用不方便，用工多。4 种干燥机中以横流循环立式干燥机的直接成本费用最高，混流循环立式干燥机次之，混流静态房式干燥机再次之，静态卧式干燥机最低。

目前，干燥机的热风均是燃烧燃料加热空气后直接进入烘干层加热种子，这种热风的温度变幅较大（约±5 ℃），称为浪涌温度；且热风温度控制难度大，对农作物种子的烘干有较大风险。因此，提供稳定的温度是种子烘干技术的发展方向。

五、杂交水稻种子两段烘干关键技术参数研究

在种子适宜收割期如遇连续降雨天气，可能导致穗萌、穗芽和种子劣变，必须进行抢收抢烘。为此，研究了两段机械烘干技术，以实现在短期内利用有限的烘干机械将大批量的田间种子快速安全地收获干燥。两段机械烘干的关键技术参数有二：一是第一段烘干的安全水分值，二是适宜短期储存天数。

2015 年，著者带领团队在湖南武冈利用横流循环立式干燥机进行两段烘干试验，供试制种组合为 H638S×R534。种子烘干过程中，当种子水分降至 22.5%、20.5%、18.5%、16.5%时，从干燥机中随机取出 100 kg 种子，分别记为 D1、D2、D3、D4。样品种子用纤维袋包装，每袋装 50 kg，各 2 份，置于常温仓库保存。自取样装袋当天起每天同一时间测定 4 个水分处理种子的水分值及仓库内温湿度，从第 2 天开始每个水分处理每天取样进行晾晒，水分至 12%时保存；连续 7 d 每天取样，共 28 次取样，每处理 3 次重复，测定其发芽率。试验期间仓库内平均温

度为 23.73 ℃，相对湿度 65%。不同水分种子在连续 7 d 内每天种子发芽率的检测结果见表 37。

表 37　不同处理种子短期储存期间发芽率的变化（%）

种子样品	发芽率							平均发芽率	发芽率降幅
	第 1 天	第 2 天	第 3 天	第 4 天	第 5 天	第 6 天	第 7 天		
D1	76.3a	73.3a	73.3ab	72.0abc	69.3bc	68.0c	67.5c	71.4	8.8
D2	77.8a	75.5a	75.5ab	75.3abc	75.0abc	72.5bc	71.5c	74.7	6.3
D3	82.5a	79.3ab	79.3bc	79.5abc	79.0bc	77.3c	76.8c	79.1	5.7
D4	85.3a	83.3ab	83.3ab	82.5ab	82.3ab	80.5b	80.3b	82.5	5.0

注：不同小写字母表示同一列中数据达到 5%水平显著差异。

分析表 37 可知，不同含水量种子随存储天数的增加，发芽率均呈明显下降趋势；种子含水量越高，发芽率降幅越大。其中，含水量 16.5%的杂交种子临时储存 7 d 仍能保持 80%的发芽率，但第 4 天开始发芽率显著下降，第 6 天开始发芽率下降幅度达显著水平。说明两段机械烘干的第一段需干燥至种子含水量 16.5%，可短期安全储存 3～5 d；其间抢收抢烘田间其他种子；待田间所有种子抢收并完成第一段干燥后，再进行第二段干燥至安全含水量。

第三章

杂交水稻全程机械化制种技术集成

在研究水稻精量印刷播种机、插秧机、农用无人飞机、谷物干燥机等在杂交水稻制种各关键环节应用效果、效率的基础上，同时研究了与农机配套的农艺技术。例如，在播种育秧、父母本栽插、父母本群体构建、赤霉素喷施、授粉、收割和种子干燥等环节形成了机械化制种系列关键技术，包括父本和母本精量印刷播（粘）种育秧技术、父本和母本机插秧和群体构建技术、农用无人飞机在杂交水稻制种中的综合应用技术、母本杂交种子和父本稻谷机械分收技术、杂交水稻种子机械干燥技术。将这些技术集成配套，形成了杂交水稻全程机械化制种技术体系，实现杂交水稻制种全程机械化作业。

第一节 父母本精量印刷播（粘）种育秧技术

针对传统水稻机插秧育秧技术存在播种密度大、秧苗素质差、秧龄弹性小、机插后返青慢等问题，开展了水稻精量印刷播种育秧技术在杂交水稻制种上的应用研究。研究结果表明，杂交水稻制种采用父母本精量印刷播（粘）种育秧技术，具有播种稀匀、用种量少、秧苗素质好、秧龄弹性大（20～50 d）、叶龄 3.5～6.5 叶中苗和大苗可机插、机插后返青快、成活率高、机插空穴率低等优点；通过配备不同规格的布胶滚筒，可根据父母本种子的发芽率和千粒重来调整播种密度；同时，通过改良育秧技术培育稀植壮秧，可根据不同茬口、不同播插期制种组合把控秧龄期；克服了传统机插盘育秧的系列缺点，为培育制种高产父母本苗穗群体、确保父母本花期相遇奠定了基础，是目前杂交水稻制种父母本机插秧推广应用的最佳配套技术。

一、父母本精量印刷播（粘）种技术

（一）父母本精量印刷播（粘）种的特点

1. 播种稀匀

每个胶点平均黏种1.3～1.9粒，平均约1.5粒；如使用10 mm×10 mm的布胶滚筒时，黏种密度为1.5粒/cm^2。每个胶点的黏种粒数可以通过调整胶水的黏稠度、走纸速度等来调节。

2. 可根据亲本种子的发芽率和千粒重调整播种密度

水稻精量印刷播种机的布胶滚筒密度设计有7.5 mm×7.5 mm、10 mm×10 mm、10 mm×12 mm、12 mm×12 mm等多种规格，可根据种子发芽率和千粒重来选择适宜的胶点密度。

3. 秧苗素质较好

精量印刷播（粘）种育秧秧苗的叶龄、苗高、单株白根数、苗基宽、百株苗鲜重、百株根鲜重和根系活力均高于常规盘育秧的秧苗。

4. 秧龄弹性大

采用精量印刷播（粘）种育秧，能培育长达50 d左右秧龄的秧苗，且能中大苗（4.1～7.5叶）机插，突破了常规盘育秧的局限。但随着秧龄期延长，亲本的播始历期也随之延长；因此，制种父母本采用精量印刷播（粘）种育秧时，要特别关注机插秧龄期长短对亲本播始历期的影响，以免影响制种花期相遇。

（二）精量印刷播（粘）种的准备

使用该方法需要配备水稻精量印刷播种机、不同孔眼密度的布胶滚筒、播种用纸、胶粉、包衣机与包衣剂等设备与配套材料（图38）。

精量印刷播种机

不同孔眼密度的布胶滚筒

不同播种密度的纸带

图 38　水稻精量印刷播（粘）种

（1）配套布胶滚筒　布胶滚筒的孔眼密度有 7.5 mm×7.5 mm、10 mm×10 mm、10 mm×12 mm、12 mm×12 mm、10 mm×14 mm、12 mm×14 mm 等规格。可根据种子发芽率和千粒重来选择或定制适宜孔眼密度的布胶滚筒。

（2）配制淀粉胶　1 kg 胶粉可黏种 70～80 kg。胶粉与水分的比例为 1∶3。先将水加热至 80 ℃左右，再加入胶粉，边加胶粉边充分搅拌，至胶水成拉丝状，冷却 20～30 min，再搅拌 1～2 min 后使用。由于淀粉胶的黏稠度难以把控易影响黏种效果，建议使用由精量印刷播种机生产厂家直接提供的专用胶水。

（3）种子准备　播种前需测定种子发芽率和活力情况，根据发芽率进行精选。选择有杀虫抗菌效果的水稻专用种子包衣剂进行包衣，用包衣的干种子直接播种。

（4）根据种子发芽率确定纸带黏种密度　现有插秧机的秧板水平移动的取秧宽度有3挡。取秧土宽一般为1.2～1.8 cm，中间值为1.5 cm；秧针取秧高度中间值为1.4 cm。因此，秧针每次取秧面积中间值为1.5 cm×1.4 cm=2.1 cm^2。据此，可以根据秧针取秧量计算不同黏种密度下每穴机插苗数，再根据种子发芽率确定纸带黏种适宜密度（表38）。

表38　根据秧针取秧量计算不同黏种密度下每穴机插苗数

布胶滚筒孔眼密度（cm）	面积（cm^2）	秧针可取苗数（苗）	不同发芽率种子每穴栽插苗数（苗）			
			发芽率90%	发芽率80%	发芽率70%	发芽率60%
0.75×0.75	0.56	5.6	5.0	4.5	4.0	3.4
1.0×1.0	1.0	3.2	2.8	2.5	2.2	1.9
1.0×1.2	1.2	2.6	2.3	2.0	1.8	1.5
1.0×1.4	1.4	2.3	2.0	1.8	1.6	1.4
1.2×1.4	1.68	1.8	1.6	1.4	1.2	1.0

根据表38可知，为保证父母本单穴机插2～4苗，发芽率90%左右的种子宜选用1.0 cm×1.2 cm或1.0 cm×1.0 cm的布胶滚筒，发芽率80%左右的种子宜选用1.0 cm×1.0 cm的布胶滚筒，发芽率60%～70%的种子宜选用0.75 cm×0.75 cm的布胶滚筒。

（5）采用HDBZ-600水稻精量印刷播种机播种，按Q/320803HDKJ002—2021标准执行　据调查，发芽率在85%以上的种子，播种密度宜控制在1.5粒/cm^2左右，制种母本用种量在1.5～2.0 kg/亩（与人工水育秧相当），比常规密播机插秧节省约1.0 kg/亩；父本用种量0.25～0.3 kg/亩。黏上稻种的黏种纸可储藏和运输，便于规模化作业和专业化服务。

（三）秧盘播种量与秧盘用量

杂交水稻制种父母本印刷播（粘）种育秧的秧盘播种量与秧盘用量的理论计算方法见表39。机插时每穴取秧面积按1.5 cm×1.4 cm=2.1 cm^2 计算，秧盘播种量和亩用种量的变幅分别按千粒重25 g和20 g计算。由表39可知，母本每亩制种田需要秧盘28～30个和38～40个，每亩用种量1.14～1.35 kg和1.20～1.44 kg，父本每亩制种田需要秧盘3.8个和5.4个，每亩用种量0.15～0.18 kg和0.16～0.20 kg。制种实际用种量和播种量应根据种子发芽率、千粒重和机插密度、栽插基本苗数来确定。

表39 杂交水稻制种父母本印刷播（粘）种育秧的秧盘播种量与秧盘用量的理论计算

父母本	插秧机行距（cm）	秧盘规格（cm）	秧盘穴数（个）	播种粒（穴）	万穴（亩）	秧盘数（个/亩）	秧盘播种量（g/个）	用种量（kg/亩）
母本	25	23×56×2	613	3	1.6	28～30	38～45	1.14～1.35
	20	18×56×2	480	3	1.8	38～40	30～36	1.20～1.44
父本	25	23×56×2	613	3	0.23	3.8	38～45	0.15～0.18
	20	18×56×2	480	3	0.26	5.4	30～36	0.16～0.20

二、父母本精量印刷播（粘）种育秧技术

（一）播种纸铺放方法与步骤

根据所选秧盘和底土材料，有3种铺放播种纸的方法。

1. 营养细土法

第一步：将空秧盘铺放至平整好的苗床厢上，拉线将秧盘摆放整齐，每厢横置摆放2排，要求秧盘排直靠紧；

第二步：秧盘装填细土或细土＋育秧基质，底土要与秧盘盘口齐平或略低于盘口；

第三步：铺放黏好种子的黏种纸；

第四步：撒盖 0.5 cm 厚的面土（宜用细土＋育秧基质），将种子掩盖住即可；

第五步：覆盖无纺布，四周用土块压实。

可使用自走式多功能水稻育秧播种机，一次性在苗床上完成铺盘、装填土、铺黏种纸、盖土 4 个步骤（图 39）。

图 39　自走式铺盘精量印刷播种机

2. 泥浆法（图 40）

第一步：播种前 1～2 d 在秧厢上拉线，整齐摆放秧盘，每厢横置摆放 2 排，要求秧盘排直靠紧；

第二步：用泥浆机捣制泥浆，泥浆过滤后灌装秧盘，沉实后的泥浆占秧盘 2/3 的厚度。泥浆捣制前施入 20～30 kg/亩的复合肥做育秧底肥；

第三步：待秧盘泥浆沉实后，铺放黏好稻种的黏种纸；

第四步：撒盖 0.5 cm 厚的面土（宜用细土＋育秧基质），将种子掩没即可；

第五步：覆盖无纺布，四周用泥块压实；若在长江中下游 3 月下旬至 4 月中旬播种，应使用薄膜搭拱覆盖保温育秧。

图 40　水田精量印刷播种（粘）泥浆法育秧工序

3. 岩棉法（图 41）

岩棉法是一种应用有孔地膜和岩棉、无需底土和秧盘的育秧方法，能在旱地和水田播种育秧。用该法培育的秧苗机插时，具有播种用工少、盘秧重量轻 2/3、能在降雨天气机插、秧苗素质好等优点。操作步骤如下：

第一步：在苗床厢面上铺放有孔地膜；

第二步：在有孔地膜上拉线，整齐摆放好育秧岩棉，每厢铺放 2 排岩棉，要求岩棉排直靠紧；

第三步：在岩棉上铺放黏好稻种的黏种纸；

第四步：黏种纸上撒盖 0.5 cm 厚的面土（宜用细土＋育秧基质）；

第五步：覆盖无纺布，四周用土块压实。

以上步骤可利用一体化机一次性完成。

铺有孔地膜　　铺岩棉　　铺黏种纸

盖细土　　铺无纺布

图 41　精量印刷播（粘）种岩棉法育秧工序

（二）育秧方式

培育整齐一致、均匀粗壮、秧根多、盘结好的秧苗是确保水稻机插秧效果的关键。目前，水稻机插秧育秧主要有工厂化育秧和大田育秧两种方法，育秧盘有塑料硬盘和软盘两种，育秧基质的种类主要有专用基质、过筛干细土和过滤泥浆等。工厂化育秧设备自动化程度高、温湿度可控，省工省力，育成的秧苗整齐均匀、栽插效果好；但一次性投入成本高，栽插面积有限。大田育秧受自然环境气候影响较大，但成本相对较低、可栽插面积限制小，且方便水肥管理，是目前机插育秧的主要方法。

大田育秧又分为场地育秧（图 42）和水田育秧（图 43），其秧田面积与大田面积之比分别为 1∶120 和 1∶80。场地育秧一般采用育秧专用基质或过筛干细土作为秧盘盘土，利用一体化机一次性完成摆盘、填装基质、浇水消毒、铺放黏种纸、覆土等工序，再进行秧苗培育管理。此法需要精细化水分管理，防止水分不均、水分不足造成秧苗生长不整齐的问题。水田育秧大多采用泥浆作为育秧基质，此法有利于芽期和苗期的水分管

图 42　机插秧场地育秧

理。岩棉法既适合场地育秧，也适合水田育秧。为防止遇大暴雨冲洗，造成成苗不均匀的问题，大田育秧在播种后应覆盖无纺布或遮阳网。

图 43　机插秧水田育秧

（三）秧田管理

1. 播后灌水

因精量印刷播（粘）种育秧所用稻种为干种子，育秧时需要经历浸种吸水的过程；因此，播种盖土和覆盖无纺布后，应立即慢灌深水，使所有秧盘淹没在水中。要求秧田平整度高，否则会导致位置过高的秧盘淹不到水，造成吸水不足，不出苗或出苗不整齐；而位置过低的秧盘长期积水，造成烂种和死苗。在日均温25 ℃以下时，浸泡 36～48 h；日均温 25 ℃以上时，浸泡 24 h。注意灌水速度不宜太快，防止面土被冲散、黏种纸漂移。

2. 盘土湿润出苗

排水后至秧苗 2.1 叶左右时（约 8～10 d），保持秧盘盘土湿润，促种子破胸出苗。若遇连续晴热高温、面土发干时，灌跑马水保湿；若遇大雨应及时排水。但出苗时苗床盘面不可积水，发现在无纺布上有积水应及时排出。

在早春低温（日均温低于 12 ℃）季节需用薄膜覆盖保温；在盛夏高温（日最高温度高于 35 ℃）季节宜在无纺布上覆盖一层遮阳网或稻草，防止高温伤苗死苗。

3. 揭无纺布

在秧苗 1.8～2.1 叶时，揭掉无纺布。揭前灌 2～3 cm 深水；盖有薄膜或遮阳网的苗床宜提前 2～3 d 揭掉薄膜和遮阳网。

4. 水肥药管理

揭掉无纺布后至机插前 4～5 d，秧田以水管为主；每 6～7 d 施 1 次尿素，每次每个秧盘施 3～4 g；施肥时，保持 2～3 cm 水层。

机插前 4～5 d，根据秧苗盘根情况排干水，促秧苗盘根。

机插前 2～3 d，施磷酸铵 8～10 g/盘送嫁肥，以促进壮苗早发。

机插前 1～2 d 喷施 1 次送嫁农药，具体用药根据当地病虫害发生情况确定。

5. 适时适龄机插

制种父母本采用水稻精量印刷播（粘）种育秧方法培育的机插秧苗，宜在叶龄 3.5～4.5 叶、秧龄 20～25 d 时机插（图 44）。如果遇特殊情况也可延长秧龄机插，延长幅度可至秧龄 50 d、叶

细土法培育的秧苗　　泥浆法培育的秧苗　　岩棉法培育的秧苗

图 44　精量印刷播（粘）种育秧的秧苗

龄 7.5 叶左右；但需要调整制种父母本播种期和播差期，以确保父母本花期相遇。

第二节　杂交水稻制种父母本机插秧技术

一、插秧机的选择

现生产上使用的各型水稻插秧机的行距是固定的，其中有 20 cm、25 cm、30 cm 3 种行距的水稻插秧机供制种选择（图 45、图 46），但水稻插秧机的株距（穴距）有 6 个挡位可调节（图 47）。水稻插秧机应加装辅助导航装置（图 48），以保证父母本机插的行向更直，便于后期的无人飞机作业，还能实现无人驾驶，可节省用工。

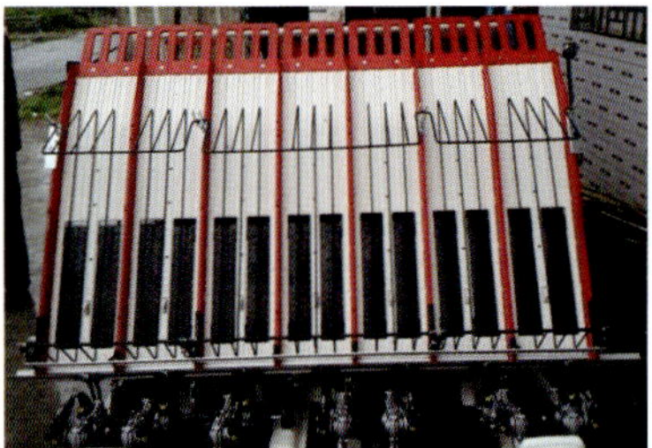

图 45　行距 25 cm 7 行插秧机

图 46　行距 20 cm 8 行插秧机

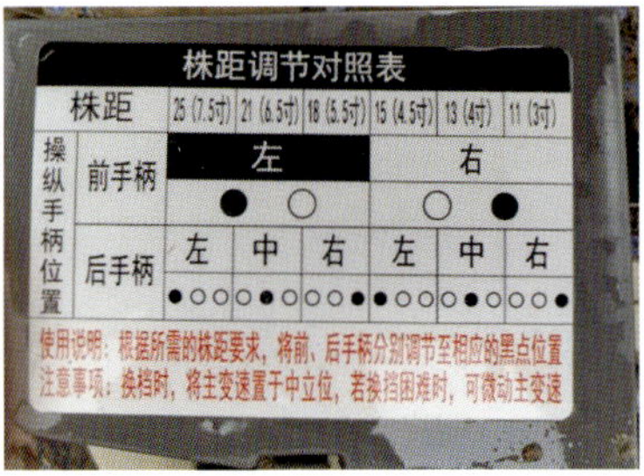

图 47　插秧机株距调节板

图 48　带辅助导航的插秧机

1. 母本水稻插秧机的选择

母本的群体培养要求插足基本苗，需密植。因此，首选行距 20 cm 的乘坐式高速 8 行或 10 行水稻插秧机，株距则根据制种母本的生育期、分蘖成穗能力、株型、可供秧苗量等选择 13 cm 或 15 cm。其次，选行距 25 cm 乘坐式高速 7 行或 8 行水稻插秧机，株距则根据制种母本的生育期、分蘖成穗能力、株型、可供秧苗等选择 11 cm 或 13 cm。

2. 父本水稻插秧机的选择

父本的群体培养要求插发并举，需适当稀植。因此，宜选行距 25 cm 或 30 cm 的乘坐式高速插秧机等行距栽插（图 49）。若选行距 20 cm 乘坐式高速 8 行插秧机，则采取 24 cm×（40～20）cm 宽窄行栽插（图 50），株距则根据制种父本的生育期、分蘖成穗能力、株型等选择 21 cm 或 25 cm。

图 49　父本等行距机插秧

图 50　父本宽窄行机插秧

二、播种期与播差期的调整

采用水稻精量印刷播（粘）种育秧技术时，由于采用的是没有浸种催芽的干谷，浸种催芽需 3～4 d 时间，机插秧比人工栽插播始历期要延长 4～5 d。因此，精量印刷播（粘）种育秧应比湿润育秧人工栽插方式提早 7～8 d 播种。若父母本均采用精量印刷（粘）播种育秧和机插时，则不需调整播差期。

三、秧龄期控制

采用精量印刷（粘）播种育秧，适宜机插的叶龄为3.5～4.5叶，秧龄期为20～25 d，此秧龄期栽插的播始历期变化小；但超过4～5叶后机插，每推迟1 d，机插播始历期会延长0.6～0.8 d；秧龄越往后推迟，播始历期延长的天数越多。因此，父母本印刷播种育秧务必把控好机插秧龄期；而且每批次秧苗宜在6 d内栽插完毕，否则会影响父母本花期相遇。若不能在适宜秧龄期内机插完毕，则需调整播种期和播差期。具体做法是：

① 在安排父母本播种期、播差期时，应充分考虑基地前作收割时期、亲本移栽秧龄对播始历期的影响，判断父本和母本秧龄期长短；再根据秧龄期长短推算出父本和母本的播始历期，依此调整播种期和播差期。

② 在实际栽插时，分析父本和母本的实际秧龄期是否与原定方案一致；如果有差异，则需再分析秧龄期对早插亲本播始历期的影响，再对迟插亲本进行秧龄期调节。

四、制种大田的耕整平整

首先，田块的平整度对机插秧的成秧率和群体生长整齐度影响相当大，要保证杂交水稻制种机插秧的效果，必须事先平整好制种田块，要求平整度高差控制在5 cm左右，平整后待泥浆沉实后再机插。其次，前作若为水稻落田谷自生成苗，影响制种保纯和增加田间除杂用工及难度。因此，采用机插秧的制种田，应提早20 d左右灌水泡田和2～3次旋耕露田，促使落田谷提早发芽出苗；再翻耕旋耕处理，减少落田谷成苗对制种纯度的影响。

五、机插密度和取苗量的调整

播种前应根据父本和母本生育期、分蘖成穗能力、机插密度、栽插基本苗、种子千粒重、发芽率等，确定好每亩用种量和秧盘数量。

考虑播种后育秧天气、种子活力对成苗率的影响，在机插开始时先按照原计划的机插密度、取秧量（每穴苗数）等进行试插；试插后根据每亩机插所需盘秧数和实际的育秧盘数，调整机插株距和取苗量，以确保原计划的制种面积够苗机插。

六、父母本行比与厢宽的配置

水稻插秧机行数及幅宽与无人飞机授粉下父本、母本行比及厢宽协调配合。在父本、母本大行比种植情况下，父本、母本行比可选 4∶(28～35) 或 6∶(30～40)。父本具体种植行数和厢宽根据其分蘖成穗能力、花粉量多少确定；父本种植 4～6 行、宽度 100～180 cm，与无人飞机的风场匹配。母本种植行数和厢宽根据其异交特性和父本花粉量确定，并与插秧机的规格匹配。母本异交特性好的组合，种植 40～60 行，宽度 800～1 000 cm；母本异交特性较好的组合，种植 28～42 行，种植宽度 700～900 cm；母本异交特性较差的组合，种植 25～35 行，种植宽度 500～700 cm。所选水稻插秧机的规格与母本种植行数匹配，如选择 7 行插秧机，母本则选 28 行或 35 行；如选择 8 行插秧机，母本则选 24 行、32 行或 40 行。

七、父本机插及管理

1. 父本和母本机插间隔时间

根据父母本播差期的长短，父本和母本机插间隔时间分 3 种类型：

（1）父母本播差期 15 d 以上的组合（图 51） 父本需提早 10 d 分厢机插，机插后保水 7～8 d，每亩追施 1 次复合肥 2～3 kg＋尿素 2～3 kg；机插后 10 d 以上再机插母本，以后与母本同步进行田间管理。

图 51 父母本播差期较大的组合机插秧

（2）父母本播差期－5～15 d 的组合（图 52） 父本和母本可在 2～3 d 内同步机插，先机插父本分厢，再机插母本；机插后父母本同步施肥管水。但对父母本播差期在 5～15 d 的组合，父本需延长秧龄再与母本同步机插；应考虑秧龄期对父本播始历期的影响，从而调整父母本播差期。

图 52 父母本播差期较小的组合机插秧

(3) 父母本播差期在—5 d 以下的组合 需先分厢机插母本；父本可采用水田育秧或精量印刷播（粘）种育秧人工移栽；父本移栽 10 d 左右再施肥。

2. 父本机插穴苗数

播始历期长，平均栽插 1～3 苗/穴；播始历期短，平均栽插 2～3 苗/穴。

3. 机插秧龄

第 1 期父本叶龄 4.1～5.0 叶，第 2 期父本叶龄 3.0～3.7 叶；两期父本同时机插，第 1 期、第 2 期父本间行交错栽插。

4. 栽插路线

父本厢两头与田埂间预留一个插幅不插秧，作为母本机插和收割的工作通道。

5. 机插管理

对生育期较长、分蘖能力较强的父本，采用 20 cm×(20～40)cm 或 25 cm×(20～40)cm 宽窄行机插秧；每穴栽插 2 苗，并分3次施肥（70%基肥、20%促蘖肥、10%促花肥），可提高单位面积颖花数，延长群体抽穗历期。

八、母本机插及管理

1. 机插穴苗数

平均插2.5～3苗/穴，根据秧盘成秧的稀密调整取秧量。

2. 机插秧龄

母本叶龄为3.5～4.5叶，同一批秧苗要求在3 d内完成栽插。

3. 栽插路线

插秧机先按父本插后分厢的中间田块机插完后，再沿田块四周预留空间完成全田栽插（图53）。

图53　父母本大行比种植机插秧栽插路线

4. 机插管理

母本机插前大田有水，则施入底肥，带水机插；保持机插时的浅水4～5 d返青活蔸，再排水露田4～5 d后，灌水追肥和施用除草剂。以后即可按照传统人工移栽的方法进行制种大田管理。

第三节 农用无人飞机在杂交水稻制种上的综合应用技术

我国自2010年开始了无人飞机在农业上的应用研究，10多年来农用无人飞机应用技术与装备发展迅速，已从单旋翼发展到多旋翼（图54），降低了操控难度和风险；从燃油动力转为电池动力，配备移动发电机能快速在田间充电，使用更轻便；从人工手动遥控飞行作业发展到定航线、定速度、定高度的全自主飞控模式，可断点续航、自动避障和夜航作业；载荷越来越大，从T16、T20、P20、P30载荷10～15 L发展到T30、P80、P100载荷40 L；从仅可喷施液态农药发展到既能喷施液态农药又能播撒固体种子和肥料。因此，农用无人飞机在杂交水稻制种上可用于植保施药、撒施肥料、喷施赤霉素和辅助授粉等多个环节，解决了杂交水稻全程机械化制种中的关键技术难题。

一、农用无人飞机喷施赤霉素技术

多年的试验和应用实践表明，农用无人飞机喷施赤霉素的效果优于人工喷施，表现为穗层偏矮、包颈粒率减少、全外露穗率增加；农用无人飞机可高浓度喷施，作业效率高，不影响田间种子质量。其技术要点如下：

① 根据母本不育系对赤霉素的敏感度，确定农用无人飞机适宜始喷时期和喷施剂量。既可按照人工方法喷施的始喷时期与抽穗指标及剂量喷施，还可比人工喷施减少赤霉素总用量20%左右。

单旋翼电动农用无人飞机

单旋翼油动农用无人飞机

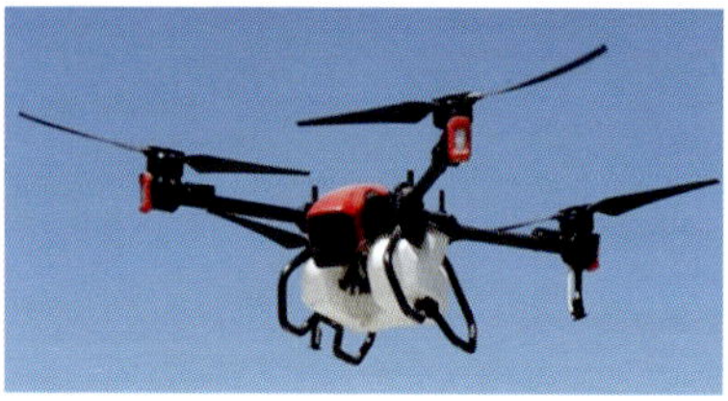

四旋翼农用无人飞机

六旋翼农用无人飞机

图 54　不同类型农用无人飞机

② 一般连续（2 d）喷施 2 次即可。父母本大行比种植时，可对父本单独喷施，喷幅保持与父本厢等宽（图 55、图 56），以免雾滴飘移至母本上。

图 55　农用无人飞机喷施赤霉素

图 56　对父本单独喷施赤霉素

③ 不同类型农用无人飞机均可用于赤霉素喷施，但需根据不同机型确定适宜的飞行高度与飞行速度，才能获得良好的喷施效果（图 57）。不同机型每亩可喷施的药液量不同，采用载荷 15 L的农用无人飞机喷施，药液量为 1.2～1.5 L/亩，满负荷时

每架次可喷施 10 亩；载荷 40 L 的农用无人飞机喷施的药液量为 2.0 L/亩，满负荷时每架次可喷施 20 亩。

图 57 农用无人飞机喷施赤霉素的效果

④ 注意对周边作物的影响，宜在微风或无风的时候喷施。因植保无人飞机喷施的雾滴很细，容易随风飘散，从而影响周边作物。因此，宜添加合适的喷雾助剂，或在制种区四周50 m区域内采用人工喷施，防止赤霉素药液雾滴飘移至周边作物上。

⑤ 应培育整齐一致的制种父母本苗穗群体，保证大面积内父母本生长发育基本一致；母本始穗期差异控制在 5 d 以内，以获得良好的赤霉素喷施效果。喷施赤霉素的时效性强，农用无人

飞机单次喷施的面积大，每天能作业 300～400 亩。如果同制种片内各区段间始穗期相差较大，可对早抽穗 4～5 d 的区段先人工喷施 1 次，2～3 d 后再统一用农用无人飞机喷施。

二、农用无人飞机辅助授粉技术

研究表明，由于农用无人飞机授粉的风力大，父本花粉能被充分散出，且花粉传播距离远，作业效率高，花粉分布均匀；可大幅扩大父母本相间种植的行比，实现了父母本机插机收，突破了杂交水稻全程机械化制种的技术瓶颈。其技术要点如下：

① 不同类型制种组合均可使用农用无人飞机辅助授粉，确保农用无人飞机辅助授粉最佳效果和效率的关键是获得最佳的风场漩涡。要获得最佳风场漩涡的关键是根据不同的机型配置适宜的飞行技术参数。负荷为 15 L 的 P20、P30、V50、T20、T16 等机型适宜的飞行高度为 1.5～2.0 m，飞行速度为 5.0～5.5 m/s，作业幅宽为 7～8 m，每架无人飞机作业效率为 60～80 亩/d；负荷为 40 L 的 T30、T40、P80、P100 等机型适宜的飞行高度为 2.5～3.0 m，飞行速度为 6.0～6.5 m/s，作业幅宽为 9～10 m，每架无人飞机作业效率为 100～120 亩/d。

② 在父母本、小行比、中行比、大行比等多种种植模式下，平行父本行和垂直父本行两种飞行航线均能达到较好的授粉效果。为提高授粉作业的效果和效率，建议当父本行数较多（父母本大行比）时，农用无人飞机飞行航线宜与父本厢方向平行；若授粉时遇自然风，则应适当调整飞行航线，与父本厢方向保持一定角度，使风场漩涡落在父本厢的正中间。当父本行数较少（父母本中、小行比）时，飞行航线宜采用垂直父本厢的飞行模式。因此，应根据父母本行比的大小和厢宽选择适宜的机型，根据机

型采用适宜的飞行技术参数，以“四定”（定高、定速、定航线、定幅宽）全自主飞行控制模式为宜。

③ 辅助授粉的时间与次数。水稻开花期较短，水稻群体花期一般情况下为 10 d 左右，而且每天开花时间也较短，只有 1.5～2 h，在天气晴朗、温湿度适宜的条件下开花时段在 10:30—12:00。因此，辅助授粉必须把握开花时期、每天开花时间及授粉次数。在父母本花期相遇的基础上，在父本开花期连续授粉 10 d 左右，每天开花高峰时段授粉 2～4 次；父本盛花期每天授粉 3～4 次，初花和尾花期则每天授粉 2～3 次，每天第一次授粉应在父本开花散粉高峰时段。

④ 操作。当无人飞机需要拐弯或调头时，需适当提升飞行高度或将风场移出父母本厢之外，以免旋停期间的风力过大导致父母本倒伏。

第四节 父母本机械分收与种子机械干燥技术

一、父母本机械分收技术

传统的父母本小行比制种在授粉结束后立即人工割除父本，既增加用工投入，又浪费父本稻谷收入。采用父母本大行比种植，为父母本机械分收创造了条件。为防止种子机械混杂，在收割机割台两侧加装分拨装置。考虑母本杂交种子结实率低（约 40%～50%），灌浆成熟比父本稻谷快；因此，需先收母本杂交种子，后收父本稻谷（图 58）。据初步测算，可增收父本稻谷 80 kg/亩左右。

图 58　父母本机械分收

二、杂交水稻种子机械干燥技术

经多年的研究和实践，研制和优选出适宜杂交水稻种子安全、快速干燥的烘干机械和保温控湿持续式烘干模式，发明了杂交水稻种子变温烘干工艺和两段烘干工艺，确保了种子质量，提升了烘干效率，大幅降低了烘干成本。

（一）杂交水稻种子机械干燥的目标

（1）确保种子安全　保持烘干种子的高发芽率是最基本的要求，机械烘干种子的发芽率要达到或超过正常自然晾晒水平（发芽率≥85%）。因不同制种母本的遗传特性的差异，导致不同母本杂交种子的活力有差异，只能以正常自然晾晒的种子发芽率为标准来衡量机械烘干的效果。

（2）快速　因规模化制种种子批量大，而干燥机能力有限，因此需要选择烘干脱水速率高的干燥机。基于对现有各型干燥机的测试，应选择烘干脱水速率达到（0.8±0.1）%/h 的干燥机；

即能在 24 h 内完成一个批次种子的烘干，将种子水分从 30%烘干至 11.5%。

(3) 低破损　种子机械烘干的破损率应尽可能低，要与正常自然晾晒水平相当；破损粒率≤0.5%。

(4) 无混杂　选用的干燥机要易于清理且能清理干净，保证在更换品种后无机械混杂。

(5) 低成本　能控制在 0.1 元/kg 左右。成本控制主要与烘干热源和脱水速率有关。

(6) 少灰尘、低污染　循环立式干燥机因风机的风力较大，烘干过程的灰尘量大，导致烘干厂房内的灰尘多、环境污染严重，应选择灰尘少或密封性能较好的烘干机械。

(二) 杂交水稻种子机械干燥技术要点

(1) 选择适宜的干燥机和热源　首选混流静态房式干燥机、静态卧（箱）式干燥机，次选混流循环立式干燥机（配上溜管下溜槽）。单台干燥机容量宜在 15～20 t/台，以便能快速装满单台干燥机开始烘干。烘干热源宜选择生物质燃烧炉和空气能热泵机，并选用水热交换器间接加热空气再进入干燥机更为安全可靠。

(2) 及时收割、快速入机干燥　在最佳收割期收割（一般在制种群体结束授粉后的 14～18 d）种子活力最高；在高温季节要确保种子从收获脱粒到入机干燥的时间控制在 3 h 内，以免产生种子劣变。宜采取多机集群收割作业，在较短的时间内快速将成片制种基地单个组合收割完毕，并立即转运至烘干场地，入机开启烘干。种子进入干燥机前需进行初选，选出大部分杂质，防止堵塞干燥机，同时提高干燥效率。

(3) 确定适宜的烘干温度　保持杂交水稻种子高活力的适宜烘干热风温度为 40～45 ℃。不同制种组合杂交种子的耐热风温度有差异，一般容重高的种子耐较高温度（45～48 ℃），容重低、裂颖多的种子宜较低温度（40～42 ℃）。为提高烘干脱水速率，可选择“先低后高”的变温模式烘干；即在种子水分 18%以上时按正常热风温度（42～45 ℃）烘干，水分 18%以下时热风温度提高 3～5 ℃烘干。

（4）通风降温　在种子水分稳定烘干至 11.5%时，应先停止热风炉加热，保持风机正常运转 1 h 左右，待干燥机内种子温度降低至常温时，种子再出料。

（5）可分两段烘干种子　因干燥机烘干能力不足，在种子适宜收割期遇降雨天气需要抢收抢烘时，可将田间种子抢收回来分两段烘干。具体做法是：第一段将种子烘干至水分 16%～17%时（烘干 10 h 即可）出机暂存 3～5 d，其间抢收抢烘田间其他种子；待田间所有种子抢收并完成第一段干燥后，再进行第二段干燥。

第四章

杂交水稻全程机械化制种技术示范与推广应用

第一节 技术示范及其效果

一、技术示范与推广应用进展

2015—2023 年，著者带领团队分别在湖南武冈、湖南绥宁、湖南攸县、江苏大丰、海南东方、福建建宁等地的国家级制种基地进行了“杂交水稻全程机械化制种关键技术”的示范（图 59、图 60，图 61）。示范的关键技术有父母本精量印刷播（粘）种育秧技术、父本和母本机插秧技术、农用无人飞机全程植保施药和喷施赤霉素技术、父母本大行比种植和无人飞机辅助授粉技术、母本杂交种子和父本稻谷机械分收技术、种子机械干燥技术等。

经对湖南绥宁、攸县、武冈、靖州、溆浦的 5 个国家级制种单位，以及江苏金色农业股份有限公司和福建省建宁的制种单位应用杂交水稻全程机械化制种技术情况的调查可知，2020—2022 年 7 个制种单位合计推广该项技术 125 万亩；其中，2022 年共推广 62.95 万亩，湖南省 5 个县推广 42.89 万亩。2022 年，父母本精量印刷播（粘）种育秧、父本机插秧、母本机插秧、无人飞机喷施赤霉素、无人飞机辅助授粉、父母本机械分收、种子机械干燥 7 项技术的推广应用率分别达到 32.7%、12.4%、43.8%、31%、22.2%、10.3%、81.2%；其中，湖南省 5 个制种单位的应用率分别为 39.0%、14.0%、47.7%、42.7%、30.4%、12.0%、82.4%。

从我国杂交水稻制种各环节的机械化技术应用现状来看，今后研发与推广应用的技术重点应在机插秧、授粉两个环节上。

图 59　湖南武冈高标准农田示范基地

图 60　江苏大丰平原区示范基地

图 61　湖南武冈丘陵山区示范基地

二、示范推广应用的效果

（一）提高制种产量

湖南省农业农村厅、湖南省农学会、海南省种子总站、江苏省种子管理站、福建省建宁县农业农村局、全国农业技术推广服务中心等主管部门组织有关专家对多年多点的技术示范进行了现场测产验收和评议。各点现场测产验收结果见表 40。

现场测产验收结果表明，应用杂交水稻全程机械化制种技术后，制种产量完全能达到甚至超过传统人工制种方法的高产水平。与人工方法制种相比较，2015 年，湖南武冈技术示范基地实割测产增产 13%；2016 年，湖南绥宁技术示范基地实割测产增产 19.1%，种子精选后入库平均增产 15.6%；2018 年，江苏大丰技术示范基地实割测产增产 7.5%；2021 年，海南东方技术示范基地实割测产增产 2.9%。特别是 2023 年江苏大丰的示范点，亩产达到了 346.4 kg 的超高产水平。

表 40　2015—2023 年全国各示范基地专家组现场测产验收结果

时间与基地	示范组合	面积（亩）	亩产（kg）		组织验收单位
			机械化	人工	
2015 年 9 月湖南武冈	H638S×R1813	100	242.0	214.0	湖南省农业农村厅
2016 年 9 月湖南绥宁	Y 两优 302	210	268.6	225.8	湖南省科技厅
2018 年 9 月江苏大丰	晶 4155S×R534	110	196.8	183.0	江苏省种子管理站
2019 年 9 月湖南武冈	33S×黄莉占	300	204.56	/	湖南省农业农村厅
	晶 4155S×黄莉占		161.9	/	
2019 年 10 月福建建宁	华 1007S×R10	102	251.89	260.66	福建建宁县农业农村局
2021 年 6 月海南东方	隆科 638S×R534	60	193.5	188.0	海南省种子总站
2022 年 9 月湖南攸县	英两优华占	97	215.0		湖南省农学会
	隆晶优蒂占	103	133.0		
	全优 822	60	178.0		
2023 年 9 月湖南攸县	英两优华占	102	277.7		湖南省农学会
2023 年 9 月湖南武冈	爽两优 138	195	305.2		湖南省农学会
2023 年 9 月江苏大丰	爽两优 132	712	346.4		全国农业技术推广服务中心

（二）降低制种自然风险

杂交水稻全程机械化制种技术从根本上提高了作业效率，保障了各项技术措施按时落实到位，大大降低了杂交水稻制种的自然风险。特别是种子机械干燥技术，从 2016 年开始在我国主要制种区域推广应用，至 2022 年杂交水稻种子机械烘干率达到了 81.2%，所烘干的种子 90%以上的发芽率达到 85%以上，有效保障了杂交水稻种子的高质量。

（三）节本增效

对 2019—2020 年江苏大丰示范基地杂交水稻全程机械化制种成本进行统计分析，结果见表 41。

表 41　江苏大丰示范基地杂交水稻全程机械化制种成本分析（2019—2020）（元/亩）

项目	作业环节	成本		备注
		机械化	人工法	
用工成本	播种育秧	85.0	30.0	父、母本机插育秧需秧盘、基质、无纺布及配套机械
	栽插	80.0	385.0	按作业承包价格
	植保施药	24.0	40.0	全季施药 4 次，喷施赤霉素 3 次；无人飞机每次 6 元/亩，人工每次 10 元/亩
	喷施赤霉素	18.0	30.0	
	辅助授粉	120.0	100.0	无人飞机授粉 10 d×3 次/d×4 元/次，人工授粉每 2 人负责 4～5 hm^2，10 d×50 元/d×2 人
	收割	80.0.0	80.0	均按机械收割
生产成本	亲本种子	90.0	105.0	节省母本种子 0.25 kg/亩

（续）

项目	作业环节	成本		备注
		机械化	人工法	
增加收入	父本稻谷纯收入	200.0	−50.0	全程机械化制种父本收稻谷 75 kg/亩，传统人工法父本在授粉后割除
合计		297.0	715.0	全程机械化比传统人工制种节本增收 418 元/亩

调查结果表明，应用父母本精量印刷播（粘）种育秧技术，节省母本种子 0.2～0.25 kg/亩，节省种子成本 12～15 元/亩。在育秧栽插环节，人工方式为 300～360 元/亩，机械栽插 160～200 元/亩，节省约 160 元/亩。全程植保施药时，人工喷施 40～60 元/亩，农用无人飞机喷施 20～50 元/亩，节省 10～20 元/亩。喷施赤霉素时，人工喷施 30～40 元/亩，农用无人飞机喷施 15～30 元/亩，节省 10～20 元/亩。在辅助授粉的费用上，人工授粉 40～60 元/亩，无人飞机授粉 100～120 元/亩，增加 40～60 元/亩。在父本的稻谷收入上，小行比人工授粉方式父本割除无稻谷收入，需人工割除费用 40～60 元；大行比种植的父本可收稻谷 75～80 kg/亩，增收 200～240 元/亩。以上各项合计，全程机械化制种比传统人工制种可节本增收约 418 元/亩。另外，在种子机械烘干环节，高发芽率种子可获得加价 0.8 元/kg，按亩产 200 kg 计算，增收 160 元/亩。

2023 年 9 月，全国农业技术推广服务中心组织有关专家对江苏大丰杂交水稻全程机械化制种技术示范基地实割测产，爽两优 132 制种面积 712 亩，平均亩产达 346.4 kg，刷新大规模机械化制种纪录；比人工制种每亩节约成本 335 元，增加父本稻谷收入 200 元，每亩节本增收 535 元。

此外，采用杂交水稻全程机械化制种技术，每个工人可管理制种面积 90～120 亩；而传统的人工制种，每个工人只能管理 30～40 亩。初步估算，可在父本育插秧、母本育插秧、植保施药、喷施赤霉素、授粉、收割等环节上每亩节省 3.0 个用工左右，节省近一半的用工。

据初步统计，2016—2023 年，该技术成果在国内主要制种基地累计推广应用面积 150 余万亩，节省制种用工 50%以上，每亩节本增收 400 元左右；加上增产和减损部分，共新增产值 10 亿元以上。

第二节 推广杂交水稻制种机械化的必要性

实施杂交水稻制种全程机械化技术，可大幅提高生产效率、减轻劳动强度、减少制种劳动用工，降低生产成本，有效控制生产风险，保证种子质量，提高农民收入；可促进杂交水稻制种向规模化、机械化、标准化、集约化、信息化方向发展，全面升级我国种业技术水平，提高我国种业企业的核心竞争力；可稳定杂交水稻制种面积，保证杂交水稻种子安全有效供给，保障国家粮食安全；可推动我国现代农业的发展，促进我国城镇化建设，带动相关产业行业的发展；可提高农药、化肥的施用效果，减少施用量，减轻对生态环境的负面影响，有利于生态环境的保护，促进人与自然的和谐发展。

一、保障国家粮食安全的战略需要

水稻杂种优势的利用和推广为粮食稳定增产作出了巨大贡献。杂交水稻制种是联结杂交水稻育种与推广的纽带，是水稻杂种优势利用的重要环节。随着我国工业化、城镇化和社会经济的快速发展，农业劳动力日益减少，加之传统的杂交水稻种子生产体系集约化程度低、劳动强度大、作业效率低、生产风险高；导致近年来杂交水稻制种成本居高不下，严重制约了杂交水稻的进一步发展，对国家粮食安全带来较大隐患。杂交水稻全程机械化制种能从根本上提高作业效率，减少劳动力投入，减轻劳动强度，降低生产成本，稳定制种基地的面积和产能；从而保证良种的有效供给，确保我国种业和粮食生产安全，真正把中国人的饭碗牢牢端在中国人自己的手上。

二、加快实现农业现代化的需要

推广杂交水稻全程机械化制种技术是实现我国杂交水稻制种规模化、标准化、集约化、信息化的基础。该项技术将水稻精量印刷播种机、水稻插秧机、农用无人飞机、谷物干燥机等应用于杂交水稻制种，能加快推进种业基地现代化建设，加快转变农业生产经营方式，改变我国杂交水稻制种普遍采取的“公司＋农户”的模式和“制种千家万户，田间千差万别”的现象，实现标准化制种。高效率的机械作业，可以扩大制种规模；规模效益必将促成集约化生产组织形式的建立，将大大解放农村劳动力，加快农业现代化建设，促使中国由农业大国走向农业强国。

三、保持杂交水稻产业国际领先地位的需要

杂交水稻全程机械化制种技术能提升种子生产技术装备水平，实现杂交水稻种子产业的优化升级。该技术成果适合我国国情，具有广泛的适用性，综合技术整体达到国际先进水平；其中，农用无人飞机辅助制种授粉技术和种子变温控湿烘干技术达到国际领先水平。推广杂交水稻制种全程机械化技术，不仅可大

幅降低生产成本，还能有效控制生产风险，保证种子质量，对促进民族种业做大做强、提升我国杂交水稻种业的国际竞争能力意义重大。

我国每年用于杂交水稻制种的土地面积达150万亩左右，按杂交水稻全程机械化制种技术每年推广应用100万亩计算，可为技术应用单位节本增收3.5亿元以上，预计生产种子1.75亿公斤；按机械烘干率85%计算，可机械烘干种子1.5亿公斤，其中1.3亿公斤（占90%）种子发芽率可达到85%以上，能为制种农户获得加价增收1.0亿元以上（加价0.8元/kg）。高发芽率的杂交水稻种子用于大田水稻种植，可节省用种0.1 kg/亩，预计节省用种1 000万公斤/年以上，节约用种成本7.0亿元以上。因此，该技术成果的应用，每年可产生间接经济效益11.5亿元以上。

第三节　推广杂交水稻全程机械化制种技术的可行性

一、技术成熟

杂交水稻全程机械化制种技术研发历经10年试验和5年示范应用，技术已配套成熟。经在湖南、江苏、福建、贵州、海南等省份的国家级制种基地推广实践证明，该技术具有广泛的适用性，不受制种组合和亲本特性限制；既适合平原湖区制种基地应用，又适合丘陵山区中、小盆地制种基地应用；既能保证杂交水稻制种高产高质，又能节省劳动力、减轻劳动强度；既能降低种子生产成本，还能提高作业效率，保障各项技术按时实施，降低制种自然风险，是确保我国杂交水稻稳定发展的重要关键技术。著者带领团队编制了《杂交水稻机械化制种技术规程》（NY/T 3767—2020）、《杂交水稻种子机械干燥技术规程》（NY/T 3768—2020），并于2020年11月作为中华人民共和国农业行业标准发布实施。杂交水稻全程机械化制种关键技术被遴选为2021年湖南省农业主推技术。湖南省农学会于2022年12月29日组织有关专家进行了技术成果的第三方评价，于2023年3月完成技术成果登记。专家一致认为，该成果的综合技术整体达到国际先进水平，其中农用无人飞机辅助授粉技术和种子变温控湿烘干技术达到国际领先水平。在我国农业劳动力日益紧缺、劳动力成本日益增高的情况下，该项技术成果对稳定和促进杂交水稻的发展、确保粮食安全具有广阔的应用前景。

二、政策扶植

现代工业的发展和生物技术的进步为实现现代种业机械化创造了良好的基础条件，全面促进了种子生产全程机械化技术体系的建立，推动杂交水稻种子产业不断向前发展。《国务院关于加快推进现代农作物种业发展的意见》明确指出，种业是国家战略性、基础性核心产业，是促进农业长期稳定发展、保障国家粮食安全的根本，要建设一批规模化、机械化、标准化、集约化的优势种子生产基地。

为贯彻党中央、国务院种业振兴决策部署，落实《"十四五"全国现代种业发展规划》《"十四五"现代种业提升工程建设规划》安排，农业农村部办公厅在关于加快推进种业基地现代化建设的指导意见中提出，要支持开展制种机械化关键技术联合攻关，加强先进制种机械装备研发与应用，加快提高"耕、种、管、收"作业质量与效率，持续提升制种全程机械化水平；要立足高质量种子生产，支持企业对标国际先进水平，改造种子加工装备，升级种子烘干、精选、包衣、包装等技术工艺，持续提升种子加工自动化水平。

第四节　推广杂交水稻全程机械化制种技术的建议

杂交水稻全程机械化制种技术是一套全新的涉及农机与农艺高度融合的技术体系，为加快推广应用杂交水稻全程机械化制种技术，推进现代种业的发展，建议开展好以下 5 个方面的工作：

（1）建设专业化的制种基地　目前，我国具有生态优势的制种基地大多集中在丘陵山区，制种稻田面积小、田块不规则、地势不平坦，且机械作业难度大、效率低。应以建设国家级杂交水稻制种基地为契机，积极推进制种企业与基地所在县开展“县企合作”，整合项目资金和社会资金，加快制种基地的宜机化改造，加强基地田块整治、土壤改良、灌排沟渠、路网电网等农田基础设施建设，强化设施、设备管护，打造集中连片、旱能灌、涝能排、有效隔离、稳产高产的制种基地，持续提升基地田间基础设施标准化水平。

（2）培育专业化的制种企业　目前，我国多数种子企业不直接生产种子，而是与合作社和制种大户签订“代制”协议。合作社和制种大户往往设施设备不配套、管理不规范，导致规模化程度低、比较效益差。因此，各制种大县应培育一批具备资质的专业化制种企业，实行规模化经营、机械化生产、标准化管理、专业化服务，加快提高“耕、种、管、收、加”作业质量与效率，持续提升杂交水稻制种全程机械化水平和种子加工自动化水平。

（3）扶持一批专业化服务主体　杂交水稻全程机械化制种涉及的作业环节多、所需的农机装备多，涉及智能化技术、信息化技术和物联网技术的应用；因此，要针对杂交水稻全程机械化制种关键环节，通过技术培训、线上平台交流和现场技术指导，加快培育一批精通精量印刷播（粘）种育秧、集中育秧、父母本机插秧、农用无人飞机综合应用、种子机械收获和机械干燥等制种各环节技术的专业化服务队伍，以有效提升杂交水稻制种社会化服务水平。

（4）不断引进和研发先进制种机械装备　例如，插秧机加装辅助导航系统和同步施肥器，农用无人飞机加装续航装置和一控多机功能，研制新型的安全、高效、低破损、低成本的烘干机械等；同时，针对这些新装置、新装备，研究与制种相配套的农艺技术，实现农机与农艺的高度融合。

（5）开启智慧农业技术在杂交水稻制种上的应用研究　在实现制种机械化的同时，加强物联网、卫星遥感及大数据等技术应用，开展田间生产、种子加工、仓储调运等信息监测，强化溯源管理和数据分析，持续提升流程控制信息化水平，为杂交水稻制种迈向“机械化+智能化”作业奠定基础，持续推进现代种业的发展。

附录一

NY

中华人民共和国农业行业标准

NY/T 3767—2020

杂交水稻机械化制种技术规程

Technical code of practice for mechanized seed production of hybrid rice

2020-11-12 发布　　2021-04-01 实施

中华人民共和国农业农村部　发布

前　　言

本标准按照 GB/T 1.1—2009 给出的规则起草。

本标准由农业农村部种业管理司提出。

本标准由全国农作物种子标准化技术委员会（SAC/TC 37）归口。

本标准起草单位：全国农业技术推广服务中心、湖南隆平种业有限公司、袁隆平农业高科技股份有限公司、湖南农业大学、华南农业大学、湖南杂交水稻研究中心、湖南省水稻研究所、江苏金色农业股份有限公司、长沙市杂交水稻机械化制种技术创新战略联盟、湖南省水稻种子工程技术研究中心、湖南绥宁县农业农村水利局、湖南溆浦县农业农村局、湖南省芷江县农业农村局。

本标准起草人员：刘爱民、王志敏、张海清、罗锡文、张青、钟其全、景琦、汪沛、张正阳、胡炼、王在满、王权、刘付仁、张小军、姜铁桥、蔡鹏、蒋珊瑚、陈翠容、高文娟、宁明宇、廖翠猛、夏胜平、肖层林。

杂交水稻机械化制种技术规程

1 范围

本标准规定了杂交水稻机械化制种的术语和定义、机械要求、制种基地条件、机械耕整、机插秧、田间管理、植保无人飞机喷施赤霉素、植保无人飞机授粉、种子机械收割。

本标准适用于籼型杂交水稻机械化制种。

2 规范性引用文件

下列文件对于本文件的应用是必不可少的。凡是注日期的引用文件，仅注日期的版本适用于本文件。凡是不注日期的引用文件，其最新版本（包括所有的修改单）适用于本文件。

GB/T 19378 农药剂型名称及代码

GB/T 29371.4—2012 两系杂交水稻种子生产体系技术规范 第4部分：杂交制种技术规范

JB/T 12673 轻型履带拖拉机 通用技术条件

NY/T 3213 植保无人飞机 质量评价技术规范

3 术语和定义

下列术语和定义适用于本文件。

3.1

杂交水稻机械化制种 mechanized hybrid rice seed production

从稻田耕整平整、播种栽插、植保施药、喷施赤霉素、授粉、收割等各环节均实现机械化作业的杂交水稻制种方式。

3.2

无人飞机授粉 drone pollination

利用无人飞机在父本厢上空飞行时产生的风力，将正在开花的父本花粉扬起并传播至母本，使母本受精结实的授粉方法。

3.3

无人飞机喷施赤霉素 spraying gibberellin from the drone

利用无人飞机喷施赤霉素解决制种母本抽穗包颈的方法。

3.4

父母本大行比种植 parents wide-row planting

杂交水稻制种父本种植6行～10行、母本种植28行～50行的父母本相间种植方式，具体种植行数根据所选插秧机来确定。

3.5

落粒谷 fallen rice seed

水稻收割后掉落在田间的谷粒，又称“落田谷”“落地谷”。这些谷粒在环境适宜时能够发芽成苗，长成稻株，造成制种混杂。

3.6

最佳收获期 optimum harvest date

母本异交结实种子活力最高的时期。

4 机械要求

4.1 水田耕整机械

宜选用轻型履带拖拉机牵引的水田耕整机和旋耕机、水田激光平地机。轻型履带拖拉机应符合JB/T 12673的要求。

4.2 水稻插秧机

4.2.1 乘坐式高速插秧机，行距为20 cm、25 cm、30 cm 3种机型，株距12 cm～24 cm，多个挡位可调。

4.2.2 手扶步进式插秧机，行距为20 cm、25 cm、30 cm 3种机型，株距10 cm～22 cm，5挡或6挡可调，有4行或6行机。

4.2.3 独轮乘坐式插秧机，行距为18 cm、20 cm、24 cm、30 cm 4种机型，株距在12 cm～25 cm调整。

4.3 秧盘播种机

4.3.1 自走式播种机，适宜场地或秧田播种，适用泥浆或专用基质或细土为盘土的不同规格硬盘播种。

4.3.2 秧盘播种流水线，适用专用基质和细土为盘土的硬盘或软盘播种。

4.3.3 履带自走式水稻秧盘播种机，将铺盘、装填基质、播种、覆盖基质等操作一次完成。

4.4 植保无人飞机

选用具有“定速、定高、定行距、定距离”等全自主飞行功能的植保无人飞机，载药量≥10 L，续航时间≥15 min。符合NY/T 3213的技术要求。

4.5 水稻联合收割机

宜选用破碎率低、损失率小、含杂率低的谷物联合收割机。

5 制种基地条件

5.1 气候条件

基地选择具有制种优势的稻作区，气候应符合GB/T 29371.4—2012中第3章的要求。

5.2 稻田条件

基地稻田集中连片，地势较平坦，适宜植保无人飞机飞行作业，土壤质地较好，肥力水平中等且较均匀，方便制种隔离。

5.3 田间道路和水利设施

机耕道路畅通，农机具能进出所有田块；水源充足，灌排水渠水沟完备。

6 机械耕整

6.1 翻耕与旋耕

6.1.1 空茬田

翻耕前 5 d～7 d 灌水泡田，促落粒谷发芽。移栽前 15 d～20 d翻耕，移栽前 6 d～7 d 旋耕。

6.1.2 轮作田

前茬作物在制种亲本移栽前 10 d 收割，收割空田后及时灌水翻耕。

6.2 平整

移栽前 3 d～4 d 平整制种田，同一田块平整后泥面高低差＜5 cm。

7 机插秧

7.1 机插秧规格

7.1.1 父母本行比与厢宽

7.1.1.1 父本花粉量大、母本异交特性好的组合，父本种植 6 行，宽度 160 cm～180 cm；母本种植30 行～42 行，宽度 800 cm～1 000 cm。

7.1.1.2 母本异交特性较好的组合，父本种植 6 行～8 行，宽度 160 cm～180 cm；母本种植 28 行～40 行，种植宽度 700 cm～900 cm。

7.1.1.3 父本花粉量较少、母本异交特性较差的组合，父本种植 8 行～10 行，种植宽度 160 cm～180 cm；母本种植 25 行～35 行，母本种植宽度 500 cm～700 cm。

7.1.1.4 根据父母本所选插秧机的行距、行数，计算出的父母本总厢宽，以 0.5 m 取整，如 8.0 m、8.5 m、9.0 m、9.5 m、10.0 m、10.5 m、11.0 m 等。

7.1.2 父本插秧规格与插秧机选择

7.1.2.1 播始历期≥80 d 的父本

a）等行栽插的行距为 30 cm、株距 22 cm～25 cm，选择行距 30 cm 的 6 行插秧机，平均栽插1 苗/穴～3 苗/穴。

b）宽窄行栽插的宽行距为 40 cm、窄行距 20 cm、株距 22 cm～25 cm，选择行距 20 cm 的 10 行插秧机，栽 2 行空 1 行，平均栽插 1 苗/穴～3 苗/穴。

7.1.2.2 播始历期 65 d～79 d 的父本

a）等行距栽插的行距为 25 cm、株距为 18 cm～22 cm，选择行距 25 cm 的 7 行插秧机，平均插 2 苗/穴～3 苗/穴。

b）等行距栽插的行距为 30 cm、株距为 18 cm～22 cm，选择行距 30 cm 的 6 行插秧机，平均插 2 苗/穴～3 苗/穴。

c）宽窄行栽插的宽行距为 40 cm、窄行距 20 cm、株距 18 cm～22 cm，选择行距 20 cm 的 8 行或 10 行插秧机，栽 2 行空 1 行，平均插 2 苗/穴～3 苗/穴。

7.1.2.3 播始历期 50 d～64 d 的父本

a）等行距栽插的行距为 20 cm、株距为 14 cm～16 cm，选择行距 20 cm 的 8 行插秧机，平均插 3 苗/穴～4 苗/穴。

b）等行距栽插的行距为 18 cm、株距为 14 cm～16 cm，选择行距 18 cm 的 10 行插秧机，平均插 3 苗/穴～4 苗/穴。

7.1.3 母本插秧规格与插秧机选择

a）行距 18 cm、株距 14 cm～16 cm 栽插时，选行距 17.5 cm 的 10 行插秧机，栽插 40 行或 50 行，平均插 2 苗/穴～3 苗/穴。

b）行距 20 cm、株距 14 cm～18 cm 栽插时，选行距 20 cm

的 8 行插秧机，栽插 32 行或 40 行，平均插 2 苗/穴～3 苗/穴。

c）行距 25 cm、株距 12 cm～16 cm 栽插时，选行距 25 cm 的 7 行插秧机，栽插 28 行或 35 行，平均插 2 苗/穴～3 苗/穴。

d）行距 25 cm、株距 12 cm～16 cm 栽插时，选行距 25 cm 的 8 行插秧机，栽插 32 行，平均插 2 苗/穴～3 苗/穴。

e）行距 25 cm、株距 12 cm～16 cm 栽插时，选行距 25 cm 的 9 行插秧机，栽插 27 行或 36 行，平均插 2 苗/穴～3 苗/穴。

7.1.4 父母本厢间距

父母本厢间距 30 cm～40 cm。

7.1.5 父本和母本栽插方式的选择

父母本播种时差≥5 d 的组合制种，父本和母本均可采用机插秧，父本也可采用人工育秧移栽；父母本播种时差＜5 d 的组合制种，父本采用人工育秧移栽，母本采用机插。

7.2 播种与育秧

7.2.1 用种量

a）父本播始历期≥80 d、机插密度（22～25）cm×30 cm 的父本为每 667 m^2 150 g～200 g；父本播始历期 65 d～79 d、机插密度约 20 cm×25 cm 的父本为每 667 m^2 200 g～250 g；父本播始历期50 d～64 d、机插密度约 16 cm×18 cm 的父本为每 667 m^2 300 g～500 g。

b）母本播始历期≥70 d、机插密度 12 cm×25 cm 的母本为每 667 m^2 1 750 g～2 000 g；母本播始历期＜70 d、机插密度约 14 cm×18 cm 的母本为每 667 m^2 2 000 g～2 250 g。

7.2.2 秧盘及秧盘播种量

a）父本选行距 30 cm 插秧机，育秧盘规格 28 cm×56 cm×2 cm，每 667 m^2 需 2 盘～3 盘，播种量为 70 g/盘～90 g/盘。

b）父本选行距 25 cm 插秧机，育秧盘规格 23 cm×56 cm×2 cm，每 667 m^2 需 4 盘～5 盘，播种量为 60 g/盘～80 g/盘。

c）父本选行距 20 cm 的插秧机，宽行距 40 cm、窄行距 20 cm 栽插，育秧盘规格 18 cm×56 cm×2 cm，每 667 m^2 需 3 盘～4 盘，播种量为 50 g/盘～60 g/盘。

d）母本选行距 25 cm 插秧机，育秧盘规格 23 cm×56 cm×2 cm，每 667 m^2 需 35 盘，播种量为50 g/盘～70 g/盘。

e）母本选行距 20 cm 插秧机，育秧盘规格为 18 cm×56 cm×2 cm，每 667 m^2 需 45 盘，播种量为40 g/盘～60 g/盘。

f）母本选行距 18 cm 插秧机，育秧盘规格为 15.5 cm×56 cm×2 cm，每 667 m^2 需 55 盘，播种量为 35 g/盘～45 g/盘。

亲本种子千粒重 28 g 左右取高用量，千粒重 21 g 左右取低用量，千粒重 25 g 左右取中间用量。

7.2.3 父母本播差期

父本宜分两期播种，第 1 期与第 2 期时差 5 d～6 d；以父母本人工移栽方式的播差期为标准，父母本均采用机插方式，母本提早 3 d～4 d 播种。

7.2.4 育秧

7.2.4.1 育秧场地

育秧场地可选旱地和水田两种，育秧场地与制种田面积的比例为 1∶（80～100）。旱地作为育秧场地，选择平整、水源充足、排水方便的场地。水田作为育秧场地，选择排灌方便、非深泥田和冷浸田、杂草少、无前作落粒谷成苗、土壤肥力均匀且地势较高的田块。

7.2.4.2　**苗床准备**

a）旱地育秧，在平整的场地上铺一层 2 cm～3 cm 的细沙石。

b）水田育秧，分为 2 种方法：

1）泥浆法，按水田湿润育秧方法开沟筑秧厢。播种前 20 d以上，灌水泡田，促落田谷和杂草籽发芽，后再翻耕；再露田 3 d～4 d，再让落田谷及杂草籽发芽。播前 3 d～4 d 平整秧田，泥面高低差±1 cm，待沉实后开沟做厢，厢宽 150 cm，厢间留 70 cm～90 cm 取泥浆，四周开宽 30 cm、深 15 cm 的围沟排水。

2）基质法或细土法，按水稻旱育秧方法开沟筑厢，厢宽 150 cm，厢沟宽 20 cm～30 cm，沟深 25 cm，四周开深 30 cm 左右的排水沟。

c）苗床做好后排水晾板，使板面硬实，铺盘前 1 d～2 d 铲高补低，填平裂缝，厢面达到"实、平、光、直"。

7.2.4.3　**盘土准备**

可选用下列 4 种盘土之一：

a）水稻育秧专用基质；

b）细土，选择无落田谷和杂草的稻田土或菜园土、果园土，捣碎过筛后，培肥消毒做成细土；

c）基质+细土，将细土与水稻专用育秧基质按 1∶1 混合成盘土；

d）泥浆，采用秧田泥浆作盘土，取泥浆前用小型水田旋耕机或其他工具在厢沟中搅拌出稀泥浆，再用滤网过滤泥浆。

7.2.4.4　**种子处理**

选用发芽率≥85%的亲本种子，播种前对种子进行消毒，破胸后播种。

7.2.4.5 育秧方法

泥浆＋基质＋无纺布法。第一步，播种前 2 d～3 d 在苗床上摆秧盘，两排秧盘整齐紧凑横置厢面，打制泥浆过滤装盘；第二步，待秧盘泥浆沉实后，使用自走式播种机或人工均匀播种，播后以水稻专用育秧基质盖种，用无纺布覆盖苗床。

细土或基质法。使用播种流水线播种，播后叠盘暗化催芽，待芽长 0.5 cm 左右，移盘至苗床，用无纺布覆盖；使用履带式自走水稻秧盘播种机播种，直接在苗床上铺盘播种，播后覆盖无纺布，立即灌水淹没秧盘，让盘土充分吸水。

可选其中方法之一。

7.2.4.6 苗床管理

出苗前 3 d～4 d 保温保湿促齐苗，齐苗后干湿交替促盘根。移栽前 3 d～4 d 控制床土含水量 60%左右，培养出秧根盘结紧密、手提不散的盘秧。秧苗 2.0 叶左右，揭无纺布或薄膜后喷施农药，防治绵腐病、立枯病、稻飞虱、稻蓟马、稻瘟病等。

7.3 机插

7.3.1 秧龄

父本第 1 期叶龄 3.5～4.0 叶，第 2 期 2.7～3.5 叶，两期父本同时或错期机插。母本叶龄 2.9～3.5 叶，同一批秧苗要求在 3 d 内完成栽插。

7.3.2 制种田准备

机插前 2 d～3 d 平整制种田，泥浆沉实 1 d～2 d，低洼有水处需开沟排水，待面泥沉实后灌薄水插秧。

7.3.3 栽插路线

父母本行向与制种基地授粉期自然风风向垂直或保持 45℃以上的角度。父母本统一行向和厢宽，田块间父母本厢对齐。机插前规划父本线路并标记，第一厢父本的位置从授粉期间制种区自然风向的上风向的田边开始。

7.3.4 插秧

7.3.4.1 取秧量调节

按照父本和母本每穴栽插规定的苗数，根据秧苗密度调节取秧量。

7.3.4.2 父本插秧

插秧机沿着规划的路线先栽插父本，第 1 期和第 2 期父本同时错行栽插；父母本播差期 10 d 以上的组合，第 1 期和第 2 期父本可错期栽插。父本厢两头与田埂间留空 2.5 m，留作母本机插和收割工作道。

7.3.4.3 母本插秧

田块周围预留 1 个插幅先不插秧，待中间插完后，插田秧机沿块四周完成全田插秧。

盘秧随取随插，晴热高温天气盘秧从苗床取出后应在 1 h 内插完，不能及时插完的秧苗应浇水保湿或用覆盖物遮阳保湿。

8 田间管理

8.1 补苗

母本机插空穴率 5%以上应补苗，机插后 1 d～2 d 内完成。父本机插不需补苗。

8.2 化学除草

8.2.1 父母本播差期 15 d 及以上的组合制种，父本机插补苗完成后 5 d～7 d，全田施用除草剂。母本机插补苗后 5 d～7 d 视田间杂草生长情况施用相应的除草剂。

8.2.2 父母本播差期 15 d 以内的组合制种，可在母本补苗后5 d～7 d，全田施用除草剂。

8.2.3 父母本分蘖盛期和幼穗分化期前，视田间杂草种类，选用对口除草剂除草。

8.3 施肥

8.3.1 基肥

机插前灌薄水施肥，按制种技术方案规定的数量施复合肥和尿素等作基肥。

8.3.2 追肥

按制种技术方案规定的数量在母本机插后 5 d～7 d 全田施尿素和复合肥。对播始历期 70 d 以上的母本，在机插后 20 d～25 d 追施第 2 次肥料，肥料种类与用量根据母本特性及田间长势确定。晒田复水后 2 d～3 d（母本幼穗分化Ⅴ期～Ⅵ期）每 667 m^2 施钾肥 7 kg～10 kg，如母本叶色转黄，每 667 m^2 补施尿素 3 kg～4 kg。

8.4 水分管理

机插后 3 d～5 d 内湿润灌溉。母本返青至幼穗分化前，保持田间浅水，干湿交替。母本幼穗分化Ⅳ期前，开沟排水晒田 7 d～10 d。晒田复水至授粉结束灌深水。授粉结束后至收割前 5 d～7 d 田间保持浅水或湿润，收割前开沟排水落干。

8.5 病虫害防治

8.5.1 防治原则

选用全自主飞控的植保无人飞机喷施农药，农药种类与使用符合 GB/T 19378 的要求。

8.5.2 技术参数

喷施药液量按照“一亩田、一分钟、一升药”的原则确定。

离稻株冠层 2.0 m 左右，按 4 m/s～5 m/s 匀速沿父母本行向等高仿地飞行。

8.5.3 喷施农药

宜选用内吸性强、药效期长的悬浮剂、乳油剂、水乳剂类农药，勿用粉剂类农药。多种农药混合喷施时，应事先做好配伍试验，如发生絮凝反应则不能混合同喷。

晴热高温天气宜 10:00 前和 16:00 后无风或微风时喷施，喷施后 1 h 内遇雨则需补施。具备夜航功能的无人飞机宜选在无风雨的夜间喷施。

根据田间病虫害预测和预报情况确定喷施时期，并根据田间病虫害实际发生情况确定喷施次数。

9 植保无人飞机喷施赤霉素

9.1 技术参数

同 8.5.1。

9.2 喷施

9.2.1 喷施时期

按照制种所用不育系的适宜抽穗指标喷施。

9.2.2 喷施用量

按照制种所用不育系的适宜用量喷施。

9.2.3 喷施次数

连续 2 d～3 d 共喷 2 次～3 次。

父本对赤霉素反应钝感或父本植株比母本矮，应单独喷施父本 1 次或 2 次，喷施后保持父本比母本略高或等高、不倒伏；喷施父本时，关闭植保无人飞机两侧 1 个～2 个喷嘴，保持喷幅约 2.0 m。

9.3 安全要求

植保无人飞机施药和喷施赤霉素作业前，应对作业区域周围种植作物和养殖情况进行调查，评估喷施药剂对周围作物和养殖是否有影响。如有影响，在作业区域内的上风向及两边的 20 m、作业区域下风向的 50 m～100 m 不使用无人飞机施药。

10 植保无人飞机授粉

10.1 要求

按每架授粉 40 000 m^2～50 000 m^2配备植保无人飞机。

10.2 飞行参数

在父本厢上空，离稻株冠层 1.5 m 左右，按 4 m/s～4.5 m/s 匀速等高仿地飞行。

10.3 授粉时期、次数与时间

10.3.1 授粉时期与次数

在父本群体开花期内约 10 d，每天授粉 2 次～3 次，每次授粉时间控制在 30 min 内。

10.3.2 授粉时间

每天第一次在父本开花散粉高峰时开始授粉，第一次授粉结束后及时进行第二次授粉，第二次授粉后，如父本还开花散粉，进行第三次授粉。

11 种子机械收割

11.1 收割期

在母本群体结实种子的最佳收割期，抢晴好天气、待露水干后使用水稻联合收割机收割。

11.2 收割前处理

收割前彻底清理干净收割机。

收割母本时在收割机割台两侧加装分拨器，将父母本稻穗分拨开。或母本收割前 1 d，使用竹竿将父母本稻穗分开。

11.3 种子收割

选用水稻联合收割机收割，并根据烘干机的容量确定收割进度，在约 3 h 内能完成单台烘干机额定容量的收割。

12 其他

杂交水稻制种防杂保纯技术、播种期与播差期确定、花期预测与调节技术等按照GB/T 29371.4—2012的规定实施。

附录二

NY

中华人民共和国农业行业标准

NY/T 3768—2020

杂交水稻种子机械干燥技术规程

Technical code of practice for the mechanical drying of hybrid rice seeds

2020-11-12 发布　　　　2021-04-01 实施

中华人民共和国农业农村部　发布

前　言

本标准按照 GB/T 1.1—2009 给出的规则起草。

本标准由农业农村部种业管理司提出。

本标准由全国农作物种子标准化技术委员会（SAC/TC 37）归口。

本标准起草单位：全国农业技术推广服务中心、湖南隆平种业有限公司、湖南农业大学、袁隆平农业高科技股份有限公司、湖南杂交水稻研究中心、长沙市杂交水稻机械化制种产业技术创新战略联盟、湖南省水稻种子工程技术研究中心、海南农乐南繁科技有限公司、湖南省绥宁县农业农村水利局。

本标准主要起草人：刘爱民、景琦、张海清、刘俊龙、王志敏、钟其全、张青、喻晶、程金辉、朱彦、雷建文、张卫星、王仕明、杨鹏、贺记外、蒋珊瑚、高文娟、陈翠容、廖翠猛、王玉玺。

杂交水稻种子机械干燥技术规程

1 范围

本标准规定了杂交水稻种子机械干燥的术语和定义、目标、要求、干燥工艺流程、种子原料的转运、操作、干燥机的保养与维护、安全防护、信息档案。

本标准适用于南方杂交水稻种子（含亲本种子）的机械干燥。南方籼型水稻以及杂交水稻恢复系和两系不育系种子干燥可参照本标准。

2 规范性引用文件

下列文件对于本文件的应用是必不可少的。凡是注日期的引用文件，仅注日期的版本适用于本文件。凡是不注日期的引用文件，其最新版本（包括所有的修改单）适用于本文件。

GB/T 3543.4　农作物种子检验规程　发芽试验

JB/T 5683　种子加工成套设备条件

3 术语和定义

下列术语和定义适用于本文件。

3.1

循环式干燥机　circulating dryer

通过提升机构将种子反复循环流动，当种子经过干燥层时，热风沿水平方向穿过种子并带走水分的干燥机，分为横流循环立式干燥机、混流循环立式干燥机。

3.2

静态式干燥机 static dryer

种子始终处于静止状态，热风自下向上或自上向下垂直方向穿过种子层带走水分、完成种子干燥的干燥机。干燥平床敞开的为静态卧式干燥机，干燥平床封闭的为静态箱式干燥机。

3.3

间歇式干燥 batch drying

种子在循环过程中，经过干燥层时才有热风穿过种子层，加热种子并带走水分，在缓苏层无热风穿过种子层的间歇加热干燥种子的方式。

3.4

持续式干燥 continuous drying

干燥平床上或厢内的种子始终有热风穿过，加热种子并带走水分的持续加热干燥种子的方式。

3.5

风温 wind temperature

干燥机进风处、经热源加热与种子接触前的空气温度。

3.6

种温 seed temperature

干燥过程中种子的温度。

3.7

脱水速率 dehydration rate

种子干燥过程中每小时种子失水的百分率，或称干燥速率。

3.8

干燥效果 drying effect

干燥种子的发芽率和种子活力。

3.9

破损　breakage

种子干燥过程中因机械摩擦、挤压，出现米粒及籽粒破碎的现象。

3.10

破损率　breakage rate

样品中米粒和破碎籽粒的重量占样品总重量的百分率。

3.11

适宜收获期　suitable harvest period

杂交水稻种子的发芽率、活力等指标达到最佳值的时期。

3.12

杂交水稻种子劣变　hybrid rice seed deterioration

杂交水稻种子在成熟收获期因高温高湿或未及时收获干燥，导致种子穗萌穗芽、胚乳粉质化、霉变、堆捂发热死胚等现象。

3.13

种子裂颖　glume-gapping

种子颖壳不闭合或闭合不严的现象。

3.14

两段干燥法　two-stage drying

使用谷物干燥机分两个时段干燥种子至规定含水量的方法。

3.15

一次性干燥法　one-time drying

使用谷物干燥机将种子一次性干燥至规定含水量的方法。

4　目标

杂交水稻种子机械干燥应达到以下目标：

a）种子安全：机械干燥种子的发芽率达到或超过正常晾晒

水平，发芽试验按 GB/T 3543.4 的规定执行。

b）干燥快速：干燥脱水速率达到（0.8±0.20）%/h。

c）破损率低：机械干燥种子的破损率与正常晾晒水平相当。

d）无混杂：选用的干燥机械易于清扫清理且能完全清理干净。

e）低污染：对周边环境污染低。

5 要求

5.1 干燥机械与设施

5.1.1 干燥机机型

宜选用静态卧（箱）式干燥机、混流循环立式干燥机（非搅拢型），不选用带搅拢的循环立体式干燥机。

5.1.2 干燥机容量

干燥机容量不宜超过 20 t/台。

5.1.3 水分测定仪

除干燥机本身自带的水分测定仪外，干燥场地应另配备便携式粮食水分测定仪，精度在±0.5%，测定范围为 10%～35%。

5.1.4 温湿度测定仪器

在干燥机的进风处、种子层、排风排潮处 3 个部位安装温湿度传感器及显示器。对横流静态桶式干燥机和混流循环立式干燥机，宜在种子层的不同位置安装多个温湿度传感器。

5.2 热源

宜选用以电为能源的空气能热泵机；在供电紧张的地区，可选用以生物质能源或无烟煤为燃料的燃烧炉。热源应配置可调控热风温度的装置，控制精度在±1℃以内。热源所提供的热风温度变幅在±5℃以内。

5.3 干燥场地与厂房

5.3.1 干燥场地应平整且硬化。应避免机械噪声和灰尘对周边居民的影响。供电应稳定可靠，供电功率能满足所有机械用电总功率的120%及以上，对供电不稳定或经常出现停电的地区，宜配备临时发电设备。

5.3.2 厂房尺寸宜根据所选干燥机机型的外形尺寸确定，配备种子进出、储存场地、库房和除尘房等设施。

6 干燥工艺流程

6.1 一次性干燥

流程见图1。

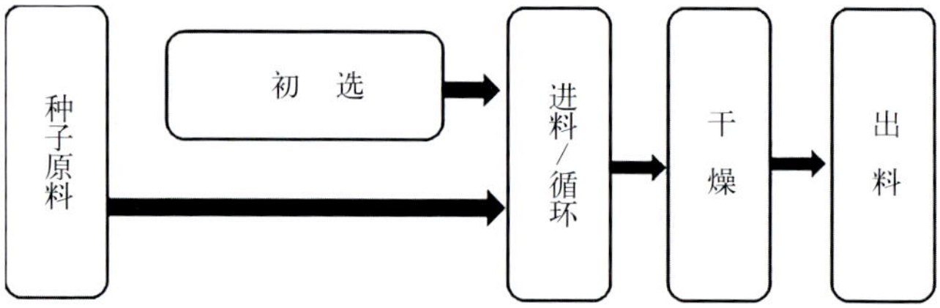

图1　水稻种子一次性干燥流程图

6.2 两段干燥

流程见图2。

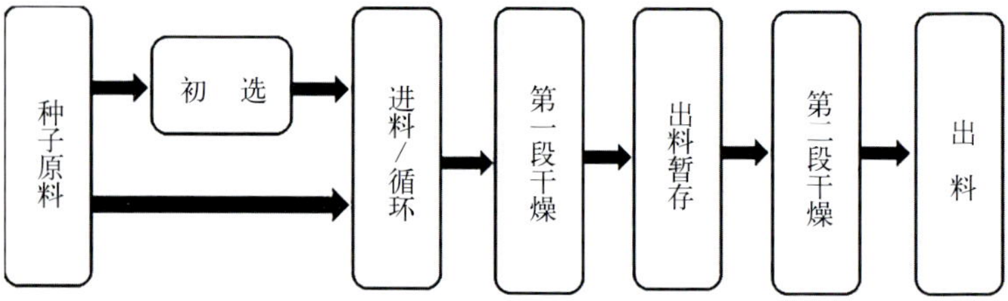

图2　水稻种子两段干燥流程图

7 种子原料的转运

7.1 原料转运

7.1.1 收割脱粒后的种子原料应及时转运至干燥场地，在 3 h 内进行干燥。

7.1.2 不能及时转运并进行干燥的种子原料，应每隔 30 min 左右检查 1 次种子袋内或堆内温度，当种堆内温度达到或超过 35℃时应立即摊开。

7.2 原料预清

当原料种子净度＜94％时，宜用种子预清机对种子原料进行预清，使种子净度达到 94％以后再进料。

8 操作

8.1 清理与进料

8.1.1 干燥系统检查

每年干燥作业前，应按干燥机使用说明书对干燥机各个零部件及热风管路进行全面检查，发现问题及时处理。

8.1.2 进料前干燥机的清扫

每次干燥前或更换品种干燥时，宜对干燥机内外进行全面清扫，清扫的部位包括提升机底座、传送带或绞龙、角状盒间和带孔角盒的孔，箱式干燥机内、干燥机周围地面以及其他可能留存种子和杂质的地方。

8.1.3 进料方法

单台干燥机的进料需分批次间歇进料时，对循环立式干燥机在第一批进料完成后开启循环模式，直至进料全部完成后再开启干燥模式；干燥机配套的斗式提升机应按 JB/T 5683 的规定进行考核，单次循环籽粒破损率指标不得高于 0.1％。对静态卧

（箱）式干燥机则在第一批种子进料完成后开启鼓风模式但不加热，直至进料全部完成后再开启干燥模式。

不同批次的种子进入同一台干燥机时，批次间水分差异应控制在 2%以内。

8.2 干燥过程控制与检查

8.2.1 干燥风温的设定

循环立式干燥机为（43±2）℃；静态卧（箱）式干燥机为（40±2）℃；混流静态房式干燥机为（53±2）℃。

8.2.2 种温的监控

8.2.2.1 监控时间

干燥过程中每 2 h～3 h 观察记录 1 次干燥机进风处和种子层的温湿度。

8.2.2.2 种温监控指标

a）对于循环立式干燥机，种子含水量≥25%时，控制在（30±2）℃；种子含水量为 15%～25%时，控制在（35±3）℃；种子含水量≤15%时，控制在（40±2）℃。

b）对于静态卧（箱）式干燥机，在干燥床下层，种子含水量>20%时，控制在（35±2）℃；种子含水量≤20%时，控制在（40±2）℃。

8.2.3 种子含水量检测

干燥过程中，每 2 h～3 h 检测 1 次种子含水量。对于循环立式干燥机，每次在 10 min 左右取样检测 1 次，连续取 3 次的平均结果；对于静态卧（箱）式干燥机，则分上、中、下层取样检测，取平均结果；将结果计入附录 A 的表 A.1 中。

8.2.4 循环立式干燥的变频设置

对于循环立式干燥机，进料和出料时提升机电机和拨粮轮电机变频器频率设为 50 Hz，干燥期间设为 25 Hz～30 Hz。在种子含水量>15%时，引风机电机变频器频率设为 30 Hz；在种子含水量≤15%时，设为 40 Hz。

8.3 两段干燥的技术参数

8.3.1 第一段干燥的种子含水量和保存条件

第一段干燥的种子含水量应控制在≤16.5%。当种子含水量干燥至 16.5%左右时，将种子排出并装袋，保存在通风干燥的常温仓库内。

8.3.2 安全储存的天数

根据第一段干燥后的种子含水量来确定安全储存的天数，种子含水量在 16.5%左右时，宜储存≤5 d。随着种子含水量的降低，安全储存的天数可适当增加。

8.4 出料

干燥过程中定时监测种子含水量达到 12.5%左右时，应每 0.5 h～1.0 h 检测 1 次含水量。混流循环立式干燥机的种子含水量达到（11.5±0.5)%时出料，静态卧（箱）式干燥机平床上层种子含水量（13.0±0.5)%、下层种子含水量（10.5±0.5)%时出料。

8.5 种子质量检测

对干燥后种子质量指标以及籽粒破损率、种子裂颖率等进行检测，并将相关检测数据填入记录表。

9 干燥机的保养与维护

9.1 干燥机的保养

本季干燥结束后，及时对干燥机进行全面清理清扫，清理清扫部位同 8.1.2 所述；将除尘房清理干净；对于采用燃煤或燃油的单位，宜将燃烧炉的积灰及未燃烧完的燃料进行清理并封存，排空燃油箱内燃油。做好防鼠工作，关闭干燥机所有能与外界连通的接口，不能关闭的用钢丝球堵塞，外接线缆外用穿线管防护或喷涂防鼠剂；保持厂房通风干燥；修补干燥机破损、锈蚀之处。

9.2 干燥机使用前检修

当季种子干燥开始前 7 d～10 d，对干燥机进行检修，检查干燥机各部件完整性、供电线缆电线，所有传动和转动部位添加润滑剂，调整链条与提升机皮带的松紧，开机试运行，不得有卡、剐、蹭现象。

10 安全防护

10.1 故障处理

干燥机装有报警灯和报警声响，报警灯亮和报警声响时，表示机器出现故障，不能正常工作，应及时排查与排除故障，必要时咨询专业技术人员，不可带故障强行运行或拆卸。

10.2 安全要求

10.2.1 遵守国家安全生产的法律、法规，按照水稻种子干燥设施设备的使用说明书进行规范操作，配套除尘设施设备，按消防要求配备消防设备器材，为操作人员配备口罩等防尘用品。

10.2.2 操作人员必须通过安全操作技术培训后方能上岗。保持燃油箱与燃烧机有 1 m 以上距离，燃料与燃烧炉 3 m 以上距离。

10.2.3 操作人员应熟悉水稻种子物料特性，了解干燥设施的基本结构、工作原理、性能及操作方法，能够解决干燥过程中的问题。

10.2.4 干燥设施应配备相应的安全防范措施。在循环立式干燥机顶部高空作业时，配备围栏和系好保险绳。在干燥机运行或检修时，应在控制箱上悬挂警示牌，表明机器处于运行或检修状态。

11 信息档案

按表 A.1 记载每一批次杂交水稻种子干燥的有关信息。

附录 A
（资料性附录）
杂交水稻种子机械干燥作业记录表

杂交水稻种子机械干燥作业记录表见表 A.1。

表 A.1　杂交水稻种子机械干燥作业记录表

<table>
<tr><td colspan="61">干燥日期：　　　　干燥地点：　　　　干燥机机型及编号：</td></tr>
<tr><td colspan="61">品种（组合）：　　　　产地和农户：</td></tr>
<tr><td rowspan="2">收割</td><td colspan="20">开始时间</td><td colspan="20">结束时间</td><td colspan="20">收割天气</td></tr>
<tr><td colspan="20"></td><td colspan="20"></td><td colspan="20"></td></tr>
<tr><td rowspan="2">预清</td><td colspan="15">开始时间</td><td colspan="15">结束时间</td><td colspan="15">原始物料净度</td><td colspan="15">预清后净度</td></tr>
<tr><td colspan="15"></td><td colspan="15"></td><td colspan="15"></td><td colspan="15"></td></tr>
<tr><td rowspan="2">烘干</td><td colspan="15">开始时间及含水量，%</td><td colspan="15">结束时间及含水量，%</td><td colspan="15">干燥时长，h</td><td colspan="15">种子循环时长，h</td></tr>
<tr><td colspan="15"></td><td colspan="15"></td><td colspan="15"></td><td colspan="15"></td></tr>
<tr><td rowspan="7">温度与水分</td><td colspan="12">时间</td><td colspan="12">风温，℃</td><td colspan="12">种温，℃</td><td colspan="12">气温，℃</td><td colspan="12">含水量，%</td></tr>
<tr><td colspan="12"></td><td colspan="12"></td><td colspan="12"></td><td colspan="12"></td><td colspan="12"></td></tr>
<tr><td colspan="12"></td><td colspan="12"></td><td colspan="12"></td><td colspan="12"></td><td colspan="12"></td></tr>
<tr><td colspan="12"></td><td colspan="12"></td><td colspan="12"></td><td colspan="12"></td><td colspan="12"></td></tr>
<tr><td colspan="12"></td><td colspan="12"></td><td colspan="12"></td><td colspan="12"></td><td colspan="12"></td></tr>
<tr><td colspan="12"></td><td colspan="12"></td><td colspan="12"></td><td colspan="12"></td><td colspan="12"></td></tr>
<tr><td colspan="12"></td><td colspan="12"></td><td colspan="12"></td><td colspan="12"></td><td colspan="12"></td></tr>
<tr><td rowspan="2">干燥重量</td><td colspan="15">开始重量，kg</td><td colspan="15">干燥后重量，kg</td><td colspan="15">干燥损失重量，kg</td><td colspan="15">损失率，%</td></tr>
<tr><td colspan="15"></td><td colspan="15"></td><td colspan="15"></td><td colspan="15"></td></tr>
<tr><td rowspan="2">干燥质量</td><td colspan="15">干燥后最高含水量，%</td><td colspan="15">干燥后最低含水量，%</td><td colspan="15">干燥前破损率，%/
干燥后破损率，%</td><td colspan="15">裂颖率，%</td></tr>
<tr><td colspan="15"></td><td colspan="15"></td><td colspan="15"></td><td colspan="15"></td></tr>
<tr><td colspan="61">种子取样编号：</td></tr>
<tr><td colspan="10">异常情况</td><td colspan="51"></td></tr>
</table>

记载人：

图目录

表目录

参考文献

刘爱民，佘雪晴，彭炎，等，2010. 杂交水稻制种直播母本特征特性研究［J］. 杂交水稻，25（S1）：474－478.

刘爱民，佘雪晴，易图华，等，2012. 杂交水稻母本机插秧制种技术研究初报［J］. 杂交水稻，27（01）：31－33.

刘爱民，佘雪晴，王在满，等，2013. 杂交水稻母本机械穴直播制种技术试验总结［J］. 杂交水稻，28（06）：21－23.

汪沛，胡炼，周志艳，等，2013. 无人油动力直升机用于水稻制种辅助授粉的田间风场测量［J］. 农业工程学报，29（03）：54－61.

刘爱民，肖层林，龙和平，等，2014. 杂交水稻全程机械化制种技术研究初步进展［J］. 杂交水稻，29（02）：6－8.

李继宇，周志艳，胡炼，等，2014. 单旋翼电动无人直升机辅助授粉作业参数优选［J］. 农业工程学报，30（10）：10－17.

熊朝，唐荣，刘爱民，等，2015. 机插秧行比对科 S/华占制种产量及相关性状的影响［J］. 作物研究，29（04）：362－365＋373.

熊朝，吴辉，刘钊，等，2014. 杂交水稻制种父本群体培养技术进展［J］. 作物研究，28（02）：207－210.

胡炼，周志艳，罗锡文，等，2014. 无人直升机风场无线传感器网络测量系统设计与试验［J］. 农业机械学报，45（05）：221－226.

李继宇，周志艳，胡炼，等，2014. 圆形多轴多旋翼电动无人机辅助授粉作业参数优选［J］. 农业工程学报，30（11）：1－9.

蒋天智，刘爱民，周武承，等，2015. 两系杂交早稻陵两优 104 母本机插秧制种技术［J］. 杂交水稻，30（02）：17－19.

李继宇，周志艳，兰玉彬，等，2015. 旋翼式无人机授粉作业冠层风场分布规律［J］. 农业工程学报，31（03）：77－86.

刘爱民，佘雪晴，易图华，等，2015. 杂交水稻制种母本机插秧特性研究［J］. 杂交水稻，30（01）：19－24.

袁露，王明，张海清，等，2016. 育秧基质对杂交水稻制种母本秧苗素质及机插质量的影响［J］. 作物研究，30（04）：364－369.

刘爱民，张海清，廖翠猛，等，2016. 单旋翼农用无人机辅助杂交水稻制种授粉效果研究［J］. 杂交水稻，31（06）：19－23.

刘钊，刘爱民，张海清，等，2016. 脱水剂对杂交水稻种子田间干燥效果的研究［J］. 作物研究，30（04）：370－375.

唐荣，张海清，刘爱民，等，2017. 杂交水稻制种中利用农用无人机喷施赤霉素技术研究［J］. 作物研究，31（04）：360－368.

陈盛德，兰玉彬，李继宇，等，2017. 航空喷施与人工喷施方式对水稻施药效果比较［J］. 华南农业大学学报，38（04）：103－109.

张海清，刘爱民，2017. 杂交水稻全程机械化制种技术研究［C］. 中国作物学会作物种子专业委员会 2017 年学术年会论文集 .

刘付仁，刘爱民，贺长青，等，2017. 杂交水稻全程机械化制种关键技术示范［J］. 杂交水稻，32（01）：34－36.

陈盛德，兰玉彬，BRADLEY K F，等，2017. 多旋翼无人机旋翼下方风场对航空喷施雾滴沉积的影响［J］. 农业机械学报，48（08）：105－113.

陈勇，张海清，刘爱民，等，2017. 杂交水稻制种父本机插秧与施肥方式对其群体生长发育的影响［J］. 作物研究，31（04）：355－359.

杨永标，刘爱民，张海清，等，2017. 机插密度对杂交水稻制种母本群体生长发育特性的影响［J］. 作物研究，31（04）：342－348.

刘俊龙，刘爱民，张海清，等，2018. 杂交水稻种子机械烘干特性初步研究［J］. 杂交水稻，33（02）：31－35.

董帅厅，刘钊，张海清，等，2018. 杂交水稻种子短期安全贮存水分及天数的研究［J］. 杂交水稻（04）：28－31＋51.

曹衍，张海清，刘爱民，等，2019. 不同播插方式对杂交水稻制种母本群体特性的影响［J］. 杂交水稻，34（04）：18－24.

董帅厅，张海清，刘爱民，等，2019. 不同基本苗和栽插规格对杂交水稻4001S/黄莉占制种机插父本群体生长发育的影响［J］. 种子，38（10）：140－144.

夏纵印，张海清，刘爱民，等，2019. 农用无人机喷施高浓度赤霉素对杂交水稻制种异交态势和种子质量的影响［J］. 杂交水稻，34（03）：27－31.

刘爱民，刘俊龙，张海清，等，2020. 杂交水稻种子机械干燥技术［J］. 杂交水稻，12（4）：1－4.

王延宏，刘爱民，马忠高，等，2020. 混流静态房式谷物干燥机试验验证［J］. 农业工程，10（09）：77－81.

徐向阳，王宣山，朱孔志，等，2021. 江苏盐城杂交水稻全程机械化制种技术示范与效果［J］. 杂交水稻，36（06）：37－41.

刘付仁，张青，钟其全，等，2021. 杂交水稻制种精准印刷播种育秧技术应用示范［J］. 中国种业（3），106－108.

宋琳琼，郑华斌，张海清，等，2023. 湖南省水稻种子生产现状及政策建议［J］. 作物研究，37（2）：170－173，182.

刘爱民，肖层林，廖伏明，2023. 杂交水稻制种产业回顾及持续发展对策［J］. 杂交水稻，38（3）：154－158.

谭亮华，庞嘉，莫勇，等，2024. 湖南攸县杂交水稻全程机械化制种关键技术示范与效果［J］. 杂交水稻，39（1），88－92.

图书在版编目（CIP）数据

中国杂交水稻全程机械化制种技术 / 刘爱民等著. 北京：中国农业出版社，2025. 3. -- ISBN 978-7-109-32972-0

Ⅰ. S511. 035.1

中国国家版本馆 CIP 数据核字第 2025A2B478 号

中国杂交水稻全程机械化制种技术

ZHONGGUO ZAJIAO SHUIDAO QUANCHENG JIXIEHUA ZHIZHONG JISHU

中国农业出版社出版

地址：北京市朝阳区麦子店街 18 号楼

邮编：100125

责任编辑：胡烨芳

版式设计：书雅文化　　责任校对：吴丽婷

印刷：中农印务有限公司

版次：2025 年 3 月第 1 版

印次：2025 年 3 月北京第 1 次印刷

发行：新华书店北京发行所

开本：880mm×1230mm　1/32

印张：5.25

字数：132 千字

定价：66.00 元